岸見一郎 著
張嘉芬 譯

岸見一郎談帶人

善用「勇氣心理學」，無論帶人、賞罰、交辦、溝通……
搞定主管所有的人際煩惱

ほめるのをやめよう
リーダーシップの誤解

目錄

第2章 帶人反映主管的內在課題

目錄

Part 2 從親子和師生的角度看帶人

Part 3 與主管對談的實務帶人問與答

目錄

好評推薦

「沒有人是天生的領導者，阿德勒心理學告訴我們，學習領導要從了解自己開始，同理別人，以及有選擇和改變的勇氣！」

——丁菱娟，影響力學院創辦人

「領導就是帶人、帶心，真正的帶心，不是運用權力，而是運用人際關係。從阿德勒的人際心理切入，主管才能真正掌握『把部屬變夥伴』的精髓。」

——李河泉，「跨世代溝通」千萬首席講師、商周CEO學院課程王牌引導教練

「職場上，帶人與被帶是難解的問題。主管非萬能，員工也非都笨拙，話說出口，是正面力量，亦可以傷人，如何對話，進而身體力行改變做法，就在本書中。」

——鄭正一，最佳方案有限公司執行長

前言
好主管懂得與部屬建立好關係

如果主管和部屬都習慣了舊有的領導模式，可能就不會覺得主管的領導有什麼問題，但這不代表主管和部屬的關係良好，或許只是因為主管和部屬都沒察覺到問題。事實上，過去職場上適用的領導方式，如今已不合時宜。

滿懷自信地認為每個部屬都很崇拜自己、對自己心悅誠服的主管，自然不會覺得自己的領導力有任何問題，但不覺得有問題的，或許只有主管本人而已。

缺乏自信的主管，一旦部屬不服自己的領導，就會馬上灰心喪志。

讓我們思考以下幾個例子。

首先，當主管和部屬都習慣了舊有的領導模式，對於「何謂領導」、「主管在組織團隊中該有什麼作為」等，恐怕都不會覺得有什麼問題。

如今職權騷擾已被視為一大問題，因此還敢說「指導部屬只要用罵的就好」的人，已大幅減少。然而，迄今的確仍有人認為自己的成就，是拜年輕時被主管嚴厲斥責所賜。倘若主管和部屬都沒有意識到舊觀念早已不合時宜，現狀當然無從改變。

以職權騷擾為例，假如主管真的假領導之名，行職權騷擾之實，可是主管卻不覺得有什麼問題，那麼就算部屬公然反抗，主管也只會依然故我。

但**「領導」是一種建立在部屬和主管間的人際關係**。主管若得不到部屬協助，組織、團隊就無法發揮該有的功能，如此一來，就算主管再怎麼宣稱自己英明神武，誇耀自己才智過人，這種主管還是不及格。

或許強勢主管根本不在意是否得到部屬的支持，但自認得不到部屬支持、缺乏自信的主管，真的是不及格的主管嗎？其實不然。這樣的主管不驕傲自滿，因此不會安於組織、團隊的現狀，會想辦法進步。

新手主管不是只要沿用以前主管的那套方法就可以了。倘若發現有些問題無法用從前的方法或理論來處理，那麼新手主管當然會顯得沒自信，因為他們會覺得自己不知道怎麼帶領部屬，不是個英勇的主管，所以要先想想自己能做什麼，而不是先要求部屬，這樣做才能改變組織、團隊。這種懂得先做好準備，再向部屬尋求協助的人，才堪稱是主管的適任人選。

一言以蔽之，我在本書中要傳達的，就是「民主式領導」，我會在後文詳述意涵，這裡先就基本概念略做說明——主管和部屬是對等的，主管的目標是透過「語言」來建構團隊合作關係，而不是靠「權力」來領導部屬。

探討領導時，只討論主管資質是不夠的，如前所述，「領導」是一種建立在部屬和主管間的人際關係，所以不需要天才或巨星，因為他們反而會妨礙民主式領導的運作。

主管須具備三項條件：

1. 主管必須是教育者。當部屬績效不見成長或一再出錯時，就必須當作是主管的指導方法出了問題。

2. 主管必須信任、尊重部屬。既然是工作，部屬就必須拿出績效，而主管也必須尊重部屬是獨立的個人，給予信任與尊敬。

3. 主管必須對部屬的工作負責。即使部屬在工作上出錯、失敗，都要由主管來負責，儘管主管與部屬間的關係是對等的，但部屬出錯時，主管應承擔的責任，要遠比部屬多出許多。

坦白說，民主式領導既耗時又費工，但這些努力一定會得到回報。

我在日本知名管理雜誌《日經 Top Leader》上有一個專欄，本書內容就是以專欄連載的文章為基礎彙整而成，也是我第一本以領導、帶人為主題的著作。

本書共有三部：

第一部集結了我在《日經 Top Leader》「領導的迷思」專欄所發表過的文章，分為三章。在第一章中，我會從人際關係的觀點，分享我對領導的一些想法，我認為世上沒有「惡劣」主管，只有不懂得如何與部屬建立人際關係的「拙劣」主管；第二章則探討即將成為主管或已是主管者，因為對自己擔任主管一職沒有信心，認為自己不適合當主管，所以不願積極投入主管工作的現象，並思考因應之道；第三章要談的是，在史無前例的新冠肺炎病毒疫情肆虐下，如何鼓起「做決定的勇氣」。

第二部則是因為撰寫專欄，有幸為讀者，也就是企業家演講的內容，其中包含當初因為受限篇幅，而沒寫進專欄的內容。

文中還會分享我身為家長、教育者的領導實務經驗，好讓大家更具體地了解領導理論該如何與實務連結。

第三部集結了我在演講後回應現場提問的內容。我長年鑽研西洋哲學，古希臘哲學家蘇格拉底常以對話探討哲理，是我心目中的哲學家典範。當天，我有幸和在場許多忠實讀者進行長時間對話，這對我來說，是非常開心的經驗。

在此，我想針對「為什麼要撰文談領導」先稍做說明。

本書中，我談到很多以人際關係為主軸的「阿德勒心理學」。這是因為就我的理解，**要懂得領導，就要全方位學習人際關係，不是只有職場上的人際關係而已**。職場上備受部屬尊敬的主管，在家也不可能被家人排擠，我長期鑽研阿德勒心理學，深知阿德勒心理學對於人際關係的剖析，比其他任何心理學流派都更具體，所以自然也會想研究領導。

我從年輕時開始接觸哲學，就一直對領導很感興趣，因為我長久以來都在研究蘇格拉底的得意門生——柏拉圖哲學。

柏拉圖和許多雅典青年一樣，家世顯赫、天資聰穎，他原本打算當個政治家，卻因為蘇格拉底莫名被捕、處死，大受衝擊。不過，柏拉圖並沒有對政治失望，反而提出了哲學王思想，認為若不將政治權力與哲學精神融為一體，國家與人類的災禍將永無止息。

哲學的根本在於「懷疑」。正如柏拉圖在政治的路上並非一帆風順，直到省思了「何謂政治家」，有所體悟後才能提出精闢的見解，我們也要認真思考自己當主管究竟及不及格，以及該如何成為一個稱職的好主管。

當初我是因為接到請託，希望我能為煩惱著該如何發揮領導力的企業家，勾勒出一個非傳統的理想主管樣貌，才開始撰寫專欄，在這個前提下，我想寫的內容實在很多，以致於原本預計半年就結束的專欄，一直持續至今。

期盼透過本書，提供一些指引，讓你願意接納身為主管的自己，即使遭遇困難，也知道該如何思考應對。

Part 1

打破領導的迷思

第1章

好主管，從管好跟部屬的關係開始

01 主管不必什麼都會，但得懂得教育

本章要來思考主管在組織、團隊中該如何自處？該做什麼或不該做什麼？我會提出一些有別於傳統主管形象的思維，不過對於本來就積極進取的人而言，說不定會覺得是理所當然的事。

有一位國中生問醫師：「為什麼醫師要和護理師、檢驗技師等後勤人員一起工作？他們很重要嗎？」

醫師回答：「關鍵是護理師和檢驗技師都不是『後勤人員』。」

如今，專業的醫療從業人員都會組成團隊，為患者提供醫療和照顧服務，所以每位醫療從業人員都不是後勤。就算在「醫療團隊」一詞出現前，醫師也無法獨力完成治

療，需要其他醫療工作者的協助。

不論是在醫療團隊還是企業組織中，**主管和部屬雖然關係對等，但職責不同，主管還必須扮演教育者角色**。

然而，教育畢竟耗時費工，主管有時難免力不從心、心浮氣躁。

有一家出版社的主管，只要不滿意部屬寫的文章，就會自己重寫，理由是如果不這樣做就會趕不上截稿日，可是主管自己重寫，即使文章再好，部屬也學不到任何東西。

不論是什麼工作，只要把業務交辦給部屬，當然會有風險，但主管仍必須信任部屬，而且萬一部屬出錯、失敗，主管就必須負起全責。

或許有人會覺得這樣未免太不公平，但部屬會出錯，其實是因為主管指導不當的緣故。就算有人認為這應該是部屬資質的問題，但主管不能有這樣的想法。

十年前，我接受了冠狀動脈繞道手術。當時由三位醫師執刀，其中最年輕的，就是我的主治醫師。現今社會，不論在什麼組織，都有可能碰到由年輕人帶領的團隊。

年輕主管固然優秀，還是需要其他人協助才能推動業務，畢竟再怎麼優秀，年輕主管還是有經驗不足的時候。

另一方面，主管也必須在必要時求援，即使有人刻意端出前任主管來做比較，批評自己，主管也該以團隊的利益為考量，而不是顧慮旁人對自己的看法，同樣地，部屬也要常協助配合主管。

02 贏得尊敬，部屬自然願意跟隨

該怎麼做才能成為部屬願意協助配合的主管？一言以蔽之，就是要贏得尊敬。這份尊敬勉強不來，當部屬認定主管不值得尊敬時，就算主管下令要求「你必須尊敬我」，也絕對得不到部屬的尊敬。主管想贏得尊敬，必須具備以下四點：

主管必須具備專業知識

有一次，我到車站的服務窗口買電車票，說完複雜的路線後，站務員馬上明白我的需求，俐落地印出我要的車票，一旁同是站務員的年輕部屬看到這一幕，驚呼一聲：「好厲害」，而那位站務員主管只幽幽地回了一句：「因為這是我的工作。」

能傳授工作上的知識給部屬

舉例來說，當我們被問路時，如果知道地點在哪裡，卻不知道該怎麼說明，最後就會乾脆帶問路的人到目的地去，可是這樣稱不上是真的知道路，因為無法清楚說明路線。按照這個邏輯來看，當主管的確不是一件容易的事。

無能的主管為了不讓部屬知道自己沒本事，會刻意挑與工作不相關的小事，不分青紅皂白地把部屬罵得狗血淋頭，雖然有部屬發聲反抗、針鋒相對，但若能壓制住這些人，主管內心就會萌生一股優越感，然而，這種優越感只不過是在掩飾自卑，真正能幹的主管，不會誇耀自己有多英明。

主管必須尊敬部屬

只要主管指導得宜，部屬的能力必能有所成長，超越主管更是指日可待。如此一來，部屬就會比主管更快獲得委以重任的機會，這時主管只要想著「自己教育部屬的方式很成功」即可，不需要嫉妒部屬。

即使是缺乏知識和經驗，也沒有亮眼績效的部屬，但他們的知性和感性，想必不會比主管差。而尊敬部屬的主管，也會贏得部屬的尊敬。

成為部屬的典範

主管在工作上當然也會出錯、失敗，這時萬萬不可欺瞞、狡辯。一味隱瞞出錯、失敗的事實而不肯道歉，事跡敗露就把責任推卸給部屬的主管，無法贏得部屬的尊敬。

例如，熟悉電腦操作的年輕部屬，做起事來比年長者更快，年長的主管還不會使用電腦，可以直接請教部屬，如果只會說：「以前我們更拚命工作，不靠電腦」之類的風涼話，是行不通的。

面對部屬時，若能做到前述四點，代表主管是用對等的態度來看待部屬，自然能贏得敬重。

03

責罵會讓部屬覺得自己沒價值

究竟主管該怎麼做，才算是用對等的態度看待部屬？

避免上對下的口氣

有些主管不明白自己和部屬的地位其實是對等的，誤以為自己高人一等，所以有時就會拿出上對下的口氣。

我認為主管也可以對部屬表達自己的敬意，至少可以在希望部屬做事時，學著用「請託」，而不是「命令」，例如「要是你能幫我……就好了」、「能不能幫我……」。

不責罵，就事論事點出犯錯原因

有些主管只要一看到部屬出錯、失敗就罵人，然而，會責罵，就是因為主管沒有對等地看待部屬。

就算部屬出錯、失敗，也不必責備，只要心平氣和地告訴部屬犯錯原因，避免他們重蹈覆轍即可。

沒有哪個部屬可以一開始就把工作處理得盡善盡美。無法順利完成交辦任務，會讓部屬感到自卑，主管的責罵，更會助長這份自卑，導致部屬覺得自己既無能又毫無存在價值。

訓斥、責罵最大的問題，在於部屬會認為自己毫無價值。倘若主管並非就事論事地訓斥，反而遷怒到不相干的問題，甚至說出「連這點小事都不會」等人身攻擊的話，部屬就會否定自我價值。

阿德勒曾說：「人只有在覺得『自己有價值』時，才會有勇氣。」這裡的勇氣，是指投入工作的勇氣。

有些人會說：「我就是因為被主管訓斥，才得以成長。我能有今天的成就，都是拜願意罵我的主管所賜。」主張大家都需要被責罵。可是會這樣說的人，可能本來能力就很好，即使被主管訓斥後稍有失落，仍能繼續投入工作，但其他人可能本來有機會成長進步，卻因為被責罵而一蹶不振。

當工作表現不如預期時，主管就會訓斥部屬，但其實不用等到主管責罵，部屬也能透過自審機制，知道自己表現如何，如果再被主管訓斥，部屬就會認定自己沒用。

我曾在大學教希臘文。某一年，有位學生不肯依指示將希臘文翻譯成日文，我問他：「為什麼不翻譯？」他竟回答：「我不想因為答錯，而被認為是一個成績不好的學生。」

我告訴他：「如果我不知道你哪裡不懂，就沒辦法教你。我不會因為你答錯，就認為你是一個成績差的學生。」於是，從下一堂課開始，那位學生就不再害怕犯錯，後來也順利學會希臘文了。

即使部屬會失敗、出錯，但如果主管能看到他們的潛力，給予適切的指導，提升他們的實力，部屬就會感受到主管是用對等的態度看待自己。

04 褒揚部屬的負作用

接下來思考，除了不用責罵的方式，還能怎麼做，才能讓部屬感受到對等的關係？每當我說：「別再責罵。」一定會有人反問：「那褒揚就行了嗎？」

褒揚會有兩個問題：

對等關係中不存在褒揚

陪家長到診所諮商的孩子，如果能在諮商期間安靜待著，家長就會稱讚「你好棒」，但陪同先生來諮商的太太，即使安靜等待，也不會有人稱讚「你好棒」吧？這是因為大人沒有對等地看待孩子，所以才會「稱讚」他們。

一旦被褒揚，就會讓人覺得失去價值

家長因為認定孩子無法像大人一樣安靜待著，所以當孩子出乎意料地耐心等待時，才會給予讚美；而陪同先生到診所的太太之所以沒有得到稱讚，是因為先生知道太太絕對不會像小孩一樣吵鬧，所以不會特別讚美。如果先生稱讚了太太，太太恐怕還會覺得先生瞧不起她。

我也曾被問過：「那工作上的考核，算不算是褒揚或責備？」在工作上，考核是不得不為，但充其量就是考核，不算是褒揚或責備。

從前在大學教希臘文時，我也必須考核學生的表現。學生的譯文正確，就說正確；譯文有錯，就指出錯誤，這是考核，而不是在稱讚答對的學生，或是責備答錯的人。

倘若老師因為覺得學生即使答錯也要予以肯定，因此對學生的成績放水或網開一面，那就太離譜了，或許有些學生的確會因為被指出錯誤而感到沮喪，但這只要用功讀書，避免下次再答錯即可。

工作上，部屬明明績效不佳、頻頻出錯，如果主管覺得考核放點水，他應該就會更積極地投入工作，予以褒揚，部屬一定會覺得是被刻意討好，沒有得到對等的看待。既然部屬自己也知道沒有達到預期的成果，主管就不需要再用訓斥、責罵來落井下石，也不須刻意用好聽話來安慰部屬，這種時候，部屬不會認為出言褒揚的主管很貼心，反而會覺得原來自己不被看好，感到沒有價值。

主管只要對部屬公平考核即可。只要能得到公正的考核，哪怕考核結果不如人意，部屬還是會打起精神，努力追求更好的績效。

05 讓部屬擁有投入工作的勇氣

既不能責罵，也不能褒揚，那麼主管究竟該怎麼做才對呢？

前文提到，阿德勒說：「人只有在覺得『自己有價值』時，才會有勇氣。」這裡的勇氣，指的是投入工作、積極表現的勇氣。

部屬不願意全心投入工作，這時如果主管為了鼓勵他，對他說：「你其實是有能力的，好好加油。」那麼這個部屬可能從此不會再努力了。因為他會害怕失敗，認為自己其實沒有能力（價值）。

很多時候，工作的實質內涵其實是人際關係。凡是與人相處，一定會有摩擦，但有自信的人不怕與人互動，而缺乏自信的人則會因害怕摩擦，加上認為「自己沒價值」，逃避人際關係，不敢與人交流。

主管的工作，就是要協助缺乏自信的部屬，讓他們肯定自己的價值，進而萌生投入工作的勇氣。

說得更具體一點，我建議多找機會對部屬說「謝謝」。因為當部屬聽到這句話，便會覺得自己有價值，產生「貢獻感」，進而能鼓起勇氣，在工作上積極表現。

像這樣協助他人鼓起勇氣克服內在課題，阿德勒稱為「賦予勇氣」。

可是有些主管就是說不出「謝謝」，因為他們覺得部屬根本無心投入工作，老是出錯、失敗。

要讓他們對部屬說「謝謝」，就必須徹底改變他們對部屬的看法。

當部屬闖禍時，主管會嚴厲訓斥部屬、要求改善，以為這樣能解決問題，可是「問題」其實就像一片黑暗，抽象難明，無法具體解決。

究竟該怎麼做才對呢？只要用光照向問題即可。光一照，黑暗就會消失，而「賦予勇氣」就是那道光。

我們要關注的，不是部屬的行為，而是部屬的存在，也就是要認同部屬。

說得更具體一點，就是要對部屬說聲：「今天也很謝謝你。」缺乏工作自信的部屬，儘管想著「今天真不想去上班」，但還是能下定決心來到公司，是值得感恩的事。

實際上，只要部屬願意來公司上班、做事，已經幫大忙了。建議主管好好表達感謝之意，下班時對部屬說聲：「今天也很感謝你的辛勞。」別把部屬的出勤視為理所當然。

部屬若能獲得這樣的對待，即便實力還不夠，也會想要更努力。

06 培養部屬的貢獻感，工作才會開心

給部屬勇氣，說得更具體一點，就是主管對部屬說「謝謝」、「有你真好」。這樣做是為了幫助部屬培養「貢獻感」，肯定自己的價值，進而產生投入工作的勇氣。

然而，很多主管都不了解用意，只想讓部屬聽命行事，任自己擺布。在此，我要澄清大眾對貢獻的兩個迷思：

貢獻不是建立在別人的認同上

有的人是為了聽到別人一聲「謝謝」而工作。這樣是錯把用來「賦予勇氣」的「謝謝」，當成了稱讚。

如此一來，主管必須不斷對部屬喊話，不斷從旁指導，直到部屬學會自行判斷如何處理業務。

但老是坐等主管指示，或沒得到肯定就不做事的部屬，也會讓主管很頭痛。究竟該怎麼做才好？

某天，一位小學老師在走廊上，看見一位同學撿起地上的垃圾，丟進垃圾桶。

這是一個值得說聲「謝謝」的時機，但老師選擇了沉默。直到放學後，才在全班同學面前說：

「今天我在走廊，看到一位小朋友把掉在地上的垃圾撿起來，並丟到垃圾桶裡。我原本不假思索地想對他說一聲『謝謝』，但後來仔細想想，會在沒人看到的地方，主動撿起垃圾丟進垃圾桶的，應該不只有那位小朋友。所以，今天我想向不管有沒有人看到，都願意隨手撿起垃圾的各位，說一聲『謝謝』，謝謝大家。」

這則故事中，老師沒有透露撿起垃圾的小朋友叫什麼名字，如果說出來了，小朋友們可能會為了想被表揚而撿垃圾。但對全班這樣說，撿起垃圾的小朋友不管有沒有當面得到「謝謝」，內心應該都能獲得「貢獻感」。

貢獻並非自我犧牲

即使我們知道要認真工作，可是一旦認為自己的付出是在犧牲，工作就開心不起來。

要讓部屬樂於投入工作，關鍵是主管必須先成為表率，讓部屬看到主管開心投入工作的模樣。

07 尊敬與信任，帶來好關係

主管和部屬之間，若想要建立良好關係，究竟要滿足哪些條件？

德國社會心理學家埃里希·佛洛姆（Erich Fromm）主張，當看到他人最真實的樣貌後，知道這個人是獨一無二、無可取代，即會產生「尊敬」。

倘若部屬接連出錯或績效不見成長，固然是主管的指導方式有問題，但這並非全部原因，還代表了主管沒有協助部屬培養投入工作的勇氣。

要改善這個問題，就只能從認同部屬做起，**接受部屬的「真實樣貌」**，而不是追求**部屬「該有的樣貌」**。別只關注部屬的行為，還要接受部屬這個人，也就是認同部屬。在佛洛姆的定義中，這就是所謂的「尊敬」。

佛洛姆也說過：「尊敬是要懂得為對方著想，讓對方能自由地發展。」也就是說，主管要做的不是讓部屬適應公司，而是要協助他們成長。

面試時，或許年輕的求職者都穿著相似的套裝，積極表現自己的工作能力，但企業任用新人時，還要看重求職者的人格特質，了解對方是獨一無二的個體。

主管若能看重部屬、尊敬部屬，公司才會鴻圖大展。年輕人的感性、知性，都非常卓越，未必比資深員工差，主管應該要善加運用年輕人的才華。

主管與部屬間想要有良好關係，還要符合一項條件，那就是「信任」。

這裡的信任是無條件的，不是只在顯而易見的情況，而是不預設任何條件，甚至是在還不明朗時就先信任部屬。

究竟要信任什麼？我認為主管該信任以下兩件事：

部屬有能力自己解決問題

不信任部屬能完成任務的主管，會對部屬下指導棋、插手干預。事實上，不論部屬會不會失敗，一旦知道主管不看好自己時，就會打擊他們的士氣，提不起勇氣積極投入工作。

此外，更不能因為部屬害怕失敗，就不給他們機會，甚至奪走他們的工作，這樣反而顯示出主管不願意承擔責任，只想著如何自保。

部屬的言行都是出於善意

有企圖心的年輕部屬，有時會當著主管的面唱反調，主管必須相信他們的善意，信任他們會這樣，不是因為輕視主管，而是因為他們認真看待工作與公司。

08 沒有競爭，績效反而更好

接下來要探討建構良好關係的另一個必備條件——互助合作。

前文探討過責罵和褒揚的問題。遭到責罵或贏得褒揚，都會讓部屬無法認同自己的價值，進而失去投入工作的勇氣。

更重要的是，責罵和褒揚還會帶來競爭關係。

「讓部屬彼此競爭，以提高團隊生產力」的做法已經過時。競爭中落敗的人，真的會為了贏得下次勝利而努力嗎？答案是不會，挫敗只會打擊他們的勇氣。

獲勝的人也不會好過，因為擔心「下次說不定會輸」而每天戰戰兢兢。「競爭」是有害心理健康的最主要因素。

競爭帶來的弊病，不僅止於個人，更會影響整個組織、團隊。一旦開始競爭，就會有人贏、有人輸，因此從整體來看，對提升團隊績效或士氣並沒有幫助。

倘若主管稱讚部屬時，帶著提拔的暗示，想獲得提拔的部屬，就會馬上變成主管的跟班、手下，一心只想討主管歡心。

有些主管會用這種手段來壯大自己的勢力，那些跟隨的部屬只想著討好主管、獲得主管提拔，因此不論主管的指示是對或錯，都會照辦。這時，如果主管做出不法行為，部屬也會設法包庇，等到不法行為曝光，公司的信譽自然一敗塗地。

另一方面，如果主管總是教訓部屬，那麼部屬就只會想著如何不被訓斥，萬一犯錯也會設法隱瞞，不敢向主管主動呈報，一旦隱匿的問題曝光，公司同樣會信譽掃地。

不願挨罵、只想贏得褒揚的部屬，只在意自己的利益，不會為公司著想。這樣的部屬和主管，對公司而言都是百害而無一利。

因此，主管要盡力根除職場上的競爭關係，讓團隊成員不分彼此、相互合作，追求整個團隊的正向發展。

具體來說，其實就是如前文所述，要聚焦在部屬的貢獻上，並對部屬提供的協助說聲「謝謝」。

此外，主管和部屬間也必須建立互助合作的關係。主管雖比部屬見多識廣、經驗豐富，但切莫一味下達指令，有時不妨多尋求部屬的意見。不知該如何是好的時候，主管就應該坦然說出「我不知道」。

主管不僅要尊敬、信任部屬，與部屬互助合作，還必須和部屬目標一致，才能建立良好的關係，順利推行業務，否則工作就會窒礙難行。整個部門，甚至整個公司，都應訂定出明確的目標，大家才能戮力同心。

不過，這裡所謂的目標，指的不單是工作上的目標，畢竟人不是只為了工作而活，而是包括工作在內的「人生目標」。

09 生活與工作都是為了追求幸福

我曾問過不到一個月就離職的年輕人為什麼辭職。對方回答：「因為主管和同事看起來一點都不快樂。」

即使主管和同事看起來不快樂，並不表示自己也得不到快樂，所以這也可以說是離職的藉口。

當年輕部屬開口問：「人為什麼要工作？」時，主管都能回答得出來嗎？

主管當然可以用職場是工作的地方，這種問題和工作沒有關係，打發部屬。

這個問題的確不好回答，但也不至於可以斬釘截鐵地說與工作無關。提出的問題，主管卻沒認真當作一回事，可能會讓部屬覺得主管在逃避、敷衍。

主管其實可以回答：「我也不知道。」重點在於，要讓部屬感覺到主管願意一同思考的態度。

就算部屬沒有問這樣的問題，主管也應該想想自己究竟是為了什麼而工作。

有一次，我獲邀到某個企業內訓演講，當我談到「人不是為了工作而活，是為了活下去而工作」時，幾位原本沒在聽的員工，竟突然探出頭，開始提問。

「不工作就活不下去」這句話很有道理，然而「不是為了工作而活」也所言不假。如果有人拿掉工作之後什麼都不剩，那就表示他的工作型態還有改善空間。

工作也是一種生活，因此「我們為何而工作」的答案，必須和「我們為何而活」相同才行。說穿了，其實都是為了追求幸福。

如果我們明明在工作，卻感受不到幸福，那是因為我們把工作的目標設定在追求其他事物，而非幸福。

三木清*曾說：「幸福與否在於存在；相反地，成功與否在於過程。」

* 哲學家。曾任日本法政大學教授，因違反「治安維持法」於二戰期間被捕入獄，後死於獄中。戰後，他的遺作《人生論筆記》問世，成為風靡一時的暢銷書。

這句話是指，要追求幸福，不見得一定要達成什麼目標，「活在當下」就是一種幸福；相對地，「成功與否在於過程」則意味著必須達成某些目標。

如果要為每項業務立定目標，「成功」就是這些業務的目標；工作則應以幸福為目標。若問人為什麼要工作，答案就是為了追求幸福。

照這個邏輯來看，即使工作一無所成，但只要在工作，就應該能讓人感到幸福才對。

10 懷抱為他人貢獻的心態工作

前文提到工作也是生活的一部分，因此「為何工作」，必須和「為何而活」相同。古希臘和羅馬的哲學家曾說：「人人都想追求幸福。」幸福不是一種得不到就能甘心放棄的目標，而是人與生俱來的一種期盼。所以應該討論的是，該怎麼做才能幸福？

工作也是為了追求幸福，如果工作上感受不到「幸福」，那就表示現階段的工作型態還有改善空間。究竟什麼樣的工作型態才能讓人感到幸福？其實，人只要能感受到自己對別人有貢獻，就會覺得幸福。

在《自卑與超越》一書中，阿德勒曾說：「鞋匠在製鞋過程中，把自己想成是在幫助他人，他能從中獲得『我對社會大眾有益』的感受，也唯有在獲得這份感受時，才能緩解他心中的自卑。」這就是「貢獻感」。

為什麼懷抱貢獻感時，能緩解人的自卑？在《阿德勒語錄》一書中，阿德勒也曾說：「唯有在行為對共同體有益時，才能肯定自己的價值。」

「肯定自己價值」的反面是「否定自己的價值」或「覺得自己沒什麼價值」，也就是所謂的「自卑」。鞋匠透過「製鞋」幫助他人，進而產生對社會大眾有價值的想法和「貢獻感」，於是就能「緩解自卑」，肯定自己的價值。

阿德勒表示，這裡以鞋匠為例所闡述的「勞動分工」，是「人類幸福的主要支柱」。人類懂得開始分工，是因為學會了合作。也就是說，人必須相互合作、分工，才能得到幸福。

人際關係中，難免會產生一些磨擦，即使如此，人仍能藉由工作與他人聯結、為他人貢獻，體會人生於世的喜悅，感受到幸福。

在這樣的思維下，主管能為部屬做些什麼？答案是「懷抱為他人貢獻的心態工作」成為部屬的表率。

11 如何讓部屬自動自發？

不論什麼業務，一開始都必須由主管親自教導部屬，認識業務內容和處理程序，若指導得宜，部屬的實力便會與日俱增，無須主管逐一說明，如此一來，主管的工作負擔應該就能減輕不少。

萬一部屬老是出錯、失敗，績效遲遲不見成長，那就是主管的指導有問題，而不是因為部屬的能力不足。

如果部屬事事都要請示主管，主管必須隨時下令指示，這也是主管的指導出了問題。

《伊索寓言》有一則故事：

有一群青蛙希望有人可以帶領牠們，於是便請求宙斯賜給牠們一位國王。

於是宙斯把一塊木頭丟進了水池裡。這群青蛙一開始被「啪噠」的水聲嚇了一跳，逃到水池深處躲了起來，等木頭浮上水面不動後，青蛙覺得木頭一點用也沒有，便開始瞧不起它，甚至坐到木頭上去。

青蛙對這樣的國王不甚滿意，便再次找上宙斯，請求宙斯為牠們換一個國王。

宙斯聽了大為光火，便改派水蛇去當青蛙的國王。後來，這群青蛙都被水蛇抓了起來，祭了牠的五臟廟。

事事都要請示主管的部屬，就像這群青蛙一樣，不喜歡沒有反應的木頭。他們希望每件事都能獲得指示，因為如果是由自己決定，就必須為決定負責，但如果聽從主管的指示，就不用負責。

為什麼部屬會變成這樣？因為主管會訓斥、責罵部屬，部屬覺得既然自己思考後的決定會被主管斥責，倒不如什麼都不想，凡事都聽主管指示行動就好。

即使部屬有時難免會出紕漏，但培養出懂得自行判斷、主動出擊的部屬，是主管的責任，就這個角度而言，主管必須是一塊「木頭」，也就是要成為沒有存在感的主管。若非如此，部屬就會過度依賴主管，不再獨立自主地處理各項業務。

一位稱職的主管，應能看出只會言聽計從的部屬，其實是想逃避自己該負的責任，而這樣的部屬，滿腦子只想到自己，完全不會顧慮整個組織、團隊。

另一方面，如果主管也只喜歡永遠聽命行事的部屬，就表示這位主管只在意自己，根本不顧組織、團隊的成長，甚至還把部屬當作俎上肉，沒有打算好好培養、提拔。

若想培養出「即使主管說錯話，也敢跳出來指正」的部屬，主管就必須營造出可以自由發言的氛圍。

身為組織、團隊的一員，認同團隊、產生歸屬感是人類的基本需求。這種歸屬與成為團隊的核心人物不同。主管應先拋開「想成為核心人物」的想法。

12 主管就像交響樂的指揮

前文提過，「主管」只是對角色的稱呼，主管和部屬僅是職責不同，但地位對等。我們也談到在這個前提下，主管不必是個巨星。

然而，「主管」或「上司」等詞彙，都是以上下關係為前提。就算改用「領袖」，還是會有人認為「領袖」就是站在前方帶領，似乎很難抹去「主管、上司站在部屬上位或前方」的刻板印象。

再者，應該有很多主管能理解「對等」的意思，但實際上卻沒有做出對等的言行，時常把部屬罵得狗血淋頭。

有些人認為，就算主管不是巨星，也要是個有魄力的領袖。然而，我心目中的理想主管，是以下這樣：

中國古代有位帝王名叫「堯」，他為了想知道國家是真的承平安定，還是臣民敬畏他而營造的假象，於是便微服出巡。一到民間，就聽到一個老農夫愉快地唱著：「日出而做，日入而息，鑿井而飲，耕田而食……」最後還唱了一句：「帝力於我何有哉。」意即似乎絲毫感受不到帝王的施政、影響，一切都很自適安康。

帝王當然不會沒有作為，農夫的意思是「人民沒有意識到自己處於治世」，因為一切都十分自然，人民自動自發，但這其實都是拜堯的善政所賜，這也正是社會承平安定的證明。

本節一開始，提到主管和部屬的職責不同。若要打個比方來說，主管的角色，就像是交響樂團裡的指揮。

一個對音樂涉獵不多的人，看了交響樂團的演奏後，說不定會覺得「指揮的功用到底是什麼？」然而，少了指揮，樂團就無法演出。

儘管有些指揮會把整首曲子都記在腦海裡，不過通常是看著總譜來指揮的。演奏者只要看著各自的樂譜演奏即可，但指揮必須掌握每一聲部會在什麼地方做出什麼演奏，給予指示，才能融合各分部。

重要的是，指揮不負責演奏樂器。公司裡的主管，基本上也和指揮一樣，不會親自執行業務。

指揮一換人，整個演奏就會截然不同。我認為，最理想的指揮，能讓樂團團員覺得「可以自由演奏」。

演奏結束後的掌聲，是獻給整個交響樂團，而不是只獻給指揮。倘若有指揮認為觀眾都是為了自己鼓掌，那就錯得離譜了，就和明明是整個團隊一起完成工作，卻獨攬功勞的主管一樣離譜。

第2章

帶人反映主管的內在課題

13 為什麼會覺得自己不適合當主管？

想必應該有不少人覺得自己不適合當主管，其中可能有很多原因，不過我們必須思考的是，為什麼會覺得自己不適合？

覺得自己不適合當主管的人，通常也不會積極投入工作。其實，這就是「覺得自己不適合當主管」的原因。

要是連認真工作都還做不出自己滿意的結果，就等於是在宣告自己無能。但要是抱持著「我不適合當主管」的念頭，只要工作一不如意，就可以把錯歸咎於「不適合」。

可是，抱持這樣的心態，就算之後具備了勝任主管的能力，未來還是有可能會拿沒天分當擋箭牌，因此現在就該從接納自己開始，逐步學習主管必備的能力。

要談主管的天分前，要先了解「主管」究竟扮演什麼角色？

大學時期，我一直認為自己不適合當老師，因為我覺得老師要大聲講話，我的聲音太小，況且有的國、高中生，甚至長得比我還高大，碰上有事要告誡他們的時候，站出來氣勢就會先輸了。

後來，我沒去當國、高中的老師，不過仔細回想，以往教過我的那些優秀師長，都不曾大聲喊叫、吼罵。

會認為自己不適合當主管，或許只是因為當不了自己心目中的主管。

更重要的是，就算認為自己不適合當主管，但這樣的想法，其實才是當主管不可或缺的心態。

羅馬帝國皇帝馬庫斯・奧理略（Marcus Aurelius），十八歲時被欽點為王儲。據說當時他沒有半點喜悅，甚至還感到相當恐懼。

不過，他擔任皇帝後，對國政盡心盡力，即使貴為一國之君，卻仍對自己管轄的元老院議員推崇備至，議員也對他提出了許多諍諫。

奧理略有一句口頭禪：「由我來遵循你們的建議，會比你們順從我一個人的意願更公正。」

自認為適合而想當主管的人，反而是有問題的。

因為這些人在工作上出問題時，不會認為是自己的領導能力有問題，甚至也不會找部屬商量，一切都自己專斷蠻橫地決策。

14 主管感到孤獨的真正原因

有些主管會說自己很孤獨，但其實「感到孤獨」和「真正的孤獨」完全是兩回事。

實際上，如果主管真的孤獨，那麼組織、團隊應該已經發揮不了該有的功能。主管口中的「孤獨」，應該是覺得自己身為主管，在組織、團隊中找不到歸屬。

在組織、團隊中有歸屬感，認為自己是其中的一分子，這是人類的基本需求。身為主管卻缺乏歸屬感，就會感到孤獨。

當主管因為部屬不願意接受自己的想法，或不接受建議而感到孤獨時，如果主管只覺得「就算會被部屬討厭，該說的話還是要說」、「當主管就是不能怕被討厭」說服自己釋懷，那麼周遭的人就要傷腦筋了。

要是部屬還能向主管提出異議，那麼即使主管是一意孤行的人，組織運作功能尚稱健全。

想法得不到肯定，所以才會覺得孤獨。或許有些主管嘴上說自己孤獨，但實際與部屬的相處卻沒有那麼糟；看起來很堅強的主管，反而心裡很想得到部屬的認同。

要是主管沒察覺到自己有錯，也沒有被指出錯誤，那麼對組織、團隊而言，就是不容小覷的問題了。

會感到孤獨的，其實不只有強勢的主管。

不管做什麼決策，反對的人就是會反對。在意部屬如何看待自己的主管，更要盡力做出正確的判斷，不能老是擔心部屬對自己的看法而讓步。

軟弱的主管固然不會為了迎合部屬而得過且過，但還是會認為「既然會被抨擊，那我不要做決策好了。」

這時「孤獨感」就出現了。一旦感到孤獨，主管就不會想積極扮演好主管的角色。

一出手就要精準明快地決策，或許的確有難度，但只要不怕失敗，學會明快地指揮若定，就能贏得部屬的信任。

即使是主管，犯錯仍在所難免。不懂得徵詢部屬意見，一意孤行的結果，判斷就可能會失準。因此，主管不能是剛愎自用的人。

除了主管心中感到孤獨，當主管被孤立時，組織、團隊的運作也會停擺。要避免被孤立，就要從部屬下手，換言之，要用心傾聽部屬的意見。

15 自卑感，是成為好主管的助力

有些主管總是愛和別人比較。比較時，通常只會看到自己的短處，心生「我真的適合當主管嗎？」的懷疑。覺得自己高人一等的人，則不會有這樣的煩惱。

會覺得自己好像不太適合當主管的人，是「自卑感」作祟。所謂的自卑感，並不是說當事人真的有多差勁，而是他們「覺得」自己不如人。

自卑感是一種很主觀的感覺，因此即使當事人很自卑，也不見得真的是矮人一截；反之，自信滿滿的主管，有時更不適任。

其實，自卑感有時是成為優秀主管的助力。

《阿德勒心理學講義》一書中，阿德勒說：「自卑感是一種常見的心態，是一種健康且正常的刺激，推動我們追求努力與成長。」

所謂「常見的心態」，代表人人都有。

自卑感是推動努力、追求成長的一種刺激。正因為有自卑感，我們才會努力追求成長，這是很健康且正常的心態。

如果一定要比較，我們可以和過去的自己比，或與心中理想的自己比，盤點自己的努力與成長，為精益求精而努力。

然而，如果老是愛和別人比較，比了之後又覺得自己不如人，那就只是工作上的絆腳石，而不是健康且正常的心態了。

為什麼是絆腳石呢？因為如果每次比較後，都對自己不滿意，就會心生逃避的想法。

如果有人說自己是因為「不會教訓部屬」、「不果決」，所以當主管才當得比別人差，其實不用因此否定自己，會因為這樣而感到自卑，只是為了讓自己接受「不適合當主管」的藉口罷了。

究竟該怎麼做才好？

首先，如果目前還沒有勝任主管的能力，那就只要不斷努力就好。不見得每個主管都是一開始就得心應手，套一句阿德勒的話：「讓我們接受不完美的勇氣吧！」

接著，是停止和別人比較。因為你就是你，接受最真實的自己就好，和別人比較一點意義也沒有。就算你模仿某位成功主管的做法，成了和他一樣的主管，但那終究不是你。

16 不得不接任時，該怎麼辦？

當你覺得當個企業接班人很痛苦，卻又不得不承擔時，該怎麼辦？

這要從兩個觀點來思考：

從企業的角度思考

企業接班之後，身為一個企業領袖，要解決工作上遇到的煩惱，就像是思考目前住的房子有哪些不滿意，該怎麼裝修一樣，住處本身並不會變；覺得當企業接班人很痛苦，卻又不得不承擔的人，就像是在考慮要不要搬家一樣。倘若這時斷然選擇不接班，人生就會迴然不同。

要不要接班，很多時候恐怕不是當事人自己可以決定的。但既然要探討，就要把不接班當成一個選項。

奧理略其實想當個哲學家，但他生在帝王家，只好接受自己的命運，全心投入皇帝的工作。但對現代人而言，當個企業接班人絕不是「命中注定」。

天底下沒有什麼事「非我不可」。優秀員工屆齡退休，對公司固然是一大損失，但絕對有人可以補位。

企業領袖也一樣，接班人絕不是「非我不可」。前文提過，主管不需要是巨星，也不必強勢，畢竟公司需要的是「主管」，而不是強勢的人。

從自己的角度思考

每個人都要活出自我，否則人生就沒有意義。即使很早就確定為接班人，各界也都期待準接班人上任，但接班人的壓力也不用太大，沒有必要為了別人的期待而犧牲自己的人生。

我認為，相較於滿心盼望能盡早接班的人，會煩惱自己為什麼非接班不可的人，實際上任後，較能成為傑出的領導者。

我的朋友從小就被寄予厚望，要他接下祖父創辦的家族醫院，可是一開始他並沒有進醫學院就讀。不過，後來他又重新考進醫學院，並決定繼承家族醫院。

我不清楚當年他經歷過什麼樣的心境轉折，但我知道他後來成了熱心的社區醫師，只要病人有需要，不論假日或深夜，他都願意出診。要是他一開始就平步青雲地當上醫生，或許就不會這麼熱心投入工作了。

話說回來，企業真的是「非得接班不可」嗎？如果抱著自願接班的心態面對，就不會覺得痛苦。那要怎麼培養這樣的心態？接下來就來想一想主管該有的樣貌。

17 改掉當主管會辛苦的心態

再怎麼辛苦，都非要當主管不可嗎？這個問題要從幾個方向來思考。

當主管不見得一定辛苦

覺得當主管很辛苦的人，多半想：「如果可以的話，真想辭掉主管的職位。」或是並沒有認真投入主管的工作。這些人不是因為當得辛苦，才覺得自己撐不下去，而是為了讓自己認為「其實我不適合當主管」，才覺得當主管辛苦。

換言之，這些人是為了想離職，才創造出「當主管好辛苦」的念頭，因為不想再當主管，所以才會找出各式理由來合理化這個想法。

因此才會千方百計，讓自己覺得主管的工作很辛苦。即使工作進展順利，說不定他們還會覺得，要是自己不當主管，能表現得更好。這些人就是想找出一些證據，好讓自己接受「我不適任主管」這件事，所以當然會一直覺得「我好辛苦」。

「辛苦」和「痛苦」是兩回事

旁人看起來很輕鬆的工作，做起來其實並不輕鬆；總是一派輕鬆的主管，往往承擔了不為人知的辛勞。不過，「辛勞」也不見得就是「辛苦」。

正因為承擔了辛勞，所以完成工作時，喜悅也會加倍。倘若覺得當主管帶來的只有辛苦，那就像前文說的，是想把「辛苦」當成求去的理由，或是打從心裡認定主管的工作就是一種犧牲，心態和認為自己「不得不」接班的人一樣。

把主管職務視為一種犧牲的人，其實是因為自己的工作沒有得到肯定。然而，如前所述，主管不該只想著出鋒頭，因此公開表揚主管並不恰當。

主管的工作不是為了組織、團隊犧牲，而是貢獻。能明白這個道理的人，就不會因為無人聞問而心生不滿。

能明白自己是在為組織貢獻的主管，會從努力奉獻的過程中找到價值，所以不覺得辛苦。

要是主管工作得很辛苦，部屬又怎會開心地投入工作？主管的工作，就是要抱持「我有貢獻」的心態，努力投入工作，成為眾人的表率。

覺得當主管很命苦的人，恐怕已經搞不清楚自己在工作上的目標了。

18 從帶人中找到為社會貢獻的方式

工作上一帆風順的人，通常不會去思考自己究竟是為了什麼而工作。

然而，當我們飽受抨擊或工作不如預期時，就會覺得人生空虛，萌生「為何而戰」的念頭。

如前所述，人都是為了追求幸福而工作，當我們認為自己是在為他人貢獻時，就能感受到幸福。

人終究不是為了工作而活，也不是為了活著而工作。此話一出，馬上就會有人反駁「可是不工作就活不下去了吧？」如同不呼吸的確會活不下去，但我們終究不是為了呼吸而活，工作的概念也是如此。

人是為了追求幸福而工作。如果我們對工作鞠躬盡瘁，卻一點也不覺得幸福的話，就有必要調整我們的工作方式。

人在覺得自己有貢獻時，就會感到幸福。在此，我們不再局限於個人的貢獻，還要更進一步來看個人對社會有什麼貢獻。

如果工作能為顧客的人生帶來幸福，就會覺得自己有所貢獻；錙銖必較、唯利是圖的工作，很難讓人覺得自己有貢獻。

記得有一次，我去家電量販店買照相機，店員針對我有意購買的機型，做了一番詳盡的解說。最後，他還對我說：「這台相機真的很棒，我自己也有一台。」

幾週後，我太太也到了同一家店去買相機，剛好又是同一位店員來服務。她為我太太說明了另一款相機的性能，最後也說：「這台相機真的很棒，我自己也有一台。」

愛玩相機的人，都有好幾台相機，所以他這句話或許所言不假，但聽在我耳裡，就會覺得這只是為了慫恿顧客買單的話術罷了。

店員應該要對顧客想買的相機，提供正確的資訊，即使顧客已經心有定見，但如果店員認為不太適合時，也可以介紹真正適合顧客的商品。例如當攝影初學者想直接購買單眼相機時，店員應該建議對方先試著使用數位相機。

換言之，店員不能為了拉抬業績，強迫推銷超出顧客需求的商品，也不該為了達成自己的業績，就慫恿顧客簽下無益的合約。就算用花招贏得業績，恐怕也很難從工作中得到滿足。

同樣地，這個概念也適用於整個公司。只要公司能認同「我們貢獻社會的方式，就是販賣幸福給社會」，那麼主管應該就能清楚找到自己工作的目標。

有關「主管心態」的探討要先告一段落，從下一節起，我們要來看看主管在面對部屬時該如何應對。

19 別把剛愎自用當成「被討厭的勇氣」

當主管與部屬關係不睦時，主管就會不斷萌生「主管真命苦」或「我是不是不適合當主管？」等想法。

由前文可知，會有這些想法的人，是因為他們不願積極投入主管的工作。但袖手旁觀、毫無作為的主管，處境恐怕會越來越不利，所以還是得好好想想，自己究竟可以怎麼做才行。

組織、團隊爆發問題時，很重要的是，不歸咎主管的資質、素質、天分或人格特質。

有個年輕的朋友曾對我說：「因為我是第三代接班人，所以大家都討厭我。」這並非事實，畢竟不是每個第三代接班人都會被討厭。會這樣說，只是把問題歸咎於天分或際遇，想藉此推卸責任罷了。

每當家長來找我諮詢親子問題時，我都會對他們說：「你不是差勁的家長，你只是笨拙的家長。」我的意思是，家長們找不到適當的方法與孩子互動。

主管也是一樣，主管本身不需要是個巨星，只要當問題發生時，知道如何因應即可。意即不一定要打出滿壘全壘打，只要能擊出安打，往前推進就好。

以柔道為例，不用只想著學好立技，而是試著多練習寢技*。日本小說家井上靖曾說過，他原本學生時期擅長的是立技的過肩摔，後來他發現過肩摔不如寢技厲害，才開始積極練習寢技。

覺得「被部屬討厭也沒關係」的主管，心態也有問題。我覺得「被討厭的勇氣」這句話已被無限上綱，有些人一心想著就算會被部屬討厭，該說的話還是要說，甚至假藉指導之名，行辱罵之實，演變成職權騷擾，還理直氣壯地說：「當主管就是要有被討厭

---

* 日本柔道技術可分為「立技」與「寢技」，立技是指在站立姿勢下摔擲對手，寢技則是摔倒人後，在地面制服對方的動作。

的勇氣。」

所謂「被討厭的勇氣」，應該是顧慮主管臉色，不敢說實話的部屬才需要的，主管萬萬不能高舉「被討厭的勇氣」這支大旗當護身符。

主管因為怕被部屬討厭，而不肯指出業務上的缺失，固然是個問題，但如果主管已經被部屬排斥，還依然故我，那就是主管的應對有問題了。

對於公司行政規定，只要確實說明清楚，部屬應該都能了解，如果主管連行政規定都無法說明清楚，那就是主管的能力問題了，不然就會讓人覺得其實主管並不想說明清楚，只想著蒙混過關，因此引發部屬反彈，才會討厭主管。

如果是這樣，就應該想著自己可能有做不好的地方，向部屬仔細說明清楚事情原委。

20 學會領導技巧不是用來控制部屬

當個傑出的主管的確不容易，但撇開資質、天分、人格特質等因素，如果我們能學會領導的方法，就算不是巨星，也能成為好主管。

然而，雖然主管知道「要和部屬對等互動」、「要尊敬、信任部屬」，但實際上究竟該怎麼做，卻很難真正明白，通常要透過不斷累積經驗，才能逐漸心領神會。

另外，難免會有一些主管不在意如何增進領導力，只想著怎樣能好好駕馭部屬。但這樣一來，主管和部屬之間，就很難建立對等的關係。

有些主管，會利用前述的不訓斥、多請託、多說「謝謝」等領導技巧，用來駕馭、控制部屬，但我提出的這些方法，都應該建立在「對等關係」上。為避免遭到錯用，必須留意兩個要點。

主管要想著自己能做什麼，而非試圖改變部屬

每次我去演講，都會盡可能多保留提問時間。學校老師所提的問題，往往都是認為「問題都出在學生身上」，可是如果老師們一直抱持這樣的想法，就永遠找不到解決問題的方法。

我原本是思考職場上的人際關係，後來把焦點轉到我自己在家庭中扮演的家長角色，思考我和孩子之間的關係，才悟出了這個道理。

「領導」也是同樣道理。當職場出問題時，這些問題的癥結不在部屬，而是在主管身上。只要主管學會思考如何妥善面對部屬，自然能找到解決問題的線索。

主管要懂得信任部屬，才不會覺得部屬一定要聽你的

有一次，當我用「存在認同」一詞，說明主管應聚焦關注部屬的「存在」，而非行

動（工作）時，有人提出了這樣的問題：「倘若我們接受部屬工作無能的現狀，部屬豈不是會認為自己這樣就好，不思努力了嗎？」

在工作上，我們非得拿出績效不可。對於什麼都不會的新進員工，公司是在做早期投資，當然要早日看到這些投資有相應的成果。可是，如果我們大力鞭策這些部屬，恐怕他們會更覺得自己無能，而失去在工作上全力衝刺的勇氣。

主管除了傳授工作上必要的知識給部屬，還要輔導部屬，授予「敢於全心投入工作的勇氣」。因此，面對目前還沒有亮眼成績的部屬，主管應該回想自己當初也並不是一開始就精明幹練、駕輕就熟，並信任部屬一定能發揮實力。

21 打造有笑容的職場

前文介紹的主管，類似「幕後功臣」型的主管，而不是強勢主管。不過，有時主管也可以發揮更積極的功能——打造有笑容的職場。

這件事或許不見得一定要由主管來做，其他人也能勝任，但主管還是必須帶頭落實，當部屬的典範。

凡事我們都該認真投入，可是認真並不等於嚴肅。這個概念也可以用於工作上。

如果部屬一直擔心「要是把事情搞砸了，就會被主管臭罵一頓」，隨時都要看主管臉色做事，在這種緊繃的氣氛下，便無法發揮出應有的實力。

當大家工作緊繃之際，負責緩和氣氛是主管該努力的方向。

我的意思當然不是要主管插科打諢、搞笑裝傻，製造歡樂氣氛，畢竟越是想要引人發笑，到頭來總是越會尷尬冷場。

《人生論筆記》一書中，三木清曾說：「如鳥歌唱般自然表露出幸福，並也為他人帶來幸福，才是真幸福。」

這句話的意思是，幸福不只是內在的概念，也會在他人面前表露出來。自己過得幸福，就像鳥兒歌唱般會自然表露出來，而這份幸福感也會傳染給他人。

自己的幸福又該如何表達？三木清用了以下的說法：「心情愉悅、用心有禮、親切體貼、寬容為懷等，幸福便能隨時表露無遺。」

要讓職場氣氛和樂，不時洋溢笑容，在上述提到的項目中，最需要的就是「心情愉悅」。

陰晴不定的人會讓旁人覺得很難相處。主管如果是情緒穩定的人，身旁的人就不必時時揣測他的心情，但有些主管會在一大早就擺出駭人的臭臉，把一整天的心情都搞砸，如果只是自己心情不好就算了，但這樣的主管通常也會影響到部屬的心情。

反之，看到心情好的主管，身旁的人也會跟著眉開眼笑。

在《認識人性》一書中，阿德勒說，喜悅是一種會連結人我的情感，而笑容則是撐起喜悅的拱心石。

喜悅能將人與人連結在一起。一旦感受到自己與他人的連結，就能在協助他人的過程中感到喜悅；**能感到互助合作的喜悅，就會對工作萌生全力投入的意願**。而團隊的工作氛圍是否愉快，也可以從成員工作時是否有笑容來判斷。

22 讓職場氣氛和樂的三關鍵

在前文中，提過三木清認為幸福是隨時自然流露的，其中又以「心情愉悅」為首要。尤其主管更要常保心情愉悅，職場氣氛就能和樂融融，部屬也可以專心投入工作，不必多所顧忌。

其次，三木清還有提到「用心有禮」，這裡是指「受人請託時，即使再忙，也不能敷衍隨便」。現今社會，每個人都十分繁忙，若別人願意用心有禮的對待自己，我們就會覺得備受尊重。

主管比任何人都忙碌，但更要拿出用心有禮的態度，當眾人的表率。

另外，三木清也提到「親切體貼」，亦即當部屬向主管請教時，也要好好說明。

主管自己份內的業務，只要是自己能做的，就必須自己處理。當了主管，就以為能把自己份內的業務交給部屬，那就錯了，即使交辦給部屬，也不能視為理所當然。

遇到自己做不到的事，主管當然也必須向旁人求援，如果明知自己辦不到，卻硬是要自己處理，只會給身旁的人添麻煩，例如不擅使用電腦的主管，請懂電腦的年輕部屬協助處理，一點也不丟臉，但如果自己不會，還硬要裝懂，反而會增加事情的困難度。

不過，如果主管從一開始就沒打算學習，那就是問題了。阿德勒曾說：「人，做得到任何事。」打從一開始就認定自己做不到的人，任何事都可以是他「做不到」的藉口。

前文中，三木清還舉了「寬容為懷」作為幸福的例子。所謂的「寬容為懷」，是指即使無法贊同他人的想法，仍能給予理解，或至少試著去理解。

同事間在工作上難免會有想法不同的時候，這時主管就必須對異議寬容為懷，因為協助部屬自由表達看法，也是主管的工作。

執行時必須就事論事，針對這些看法的對錯進行評估，而不是把「誰提出這些意見」當成問題，畢竟部屬正確、主管出錯的情況，並非全無可能。

即使主管認為部屬所提出的想法，現階段很難執行，也應釐清這個想法背後的意義，而不是全盤否定。

市場上許多當紅、熱銷的商品，都是部屬不畏主管反對，勇於表達意見後，所誕生的產物。主管要懂得協助年輕後輩發揮所長，鼓勵其成長。

23 不該剽竊部屬的創意、搶功勞

在前一節中，提到主管不該全盤否定部屬提出的想法。經驗豐富的主管有時會用「想法很新穎，但恐怕很難實際運用」、「應該沒辦法執行」等，否定部屬的想法。

事實上，也許主管的判斷是對的，但一味否定、不給予支持，不僅是部屬，公司恐怕也很難有所成長。

另外，比不支持部屬想法更糟的狀況，就是主管剽竊部屬的創意。

有一所新成立的高中，要創作一首校歌，於是向學生徵稿歌詞，選出歌詞後，再請知名作曲家譜曲。

然而，在校歌發表會，眾人拿到的校歌歌詞上，竟然沒有列出作詞學生的姓名，反而寫上了一位音樂老師的名字。

這位老師或許曾指導過獲選的學生，但畢竟創作的是那位學生，如果校方本來就不打算列出創作者姓名，一開始就不該辦歌詞徵稿，和歌曲一樣請知名作詞人作詞即可。可是，在這個案例中，不會作詞的老師，為了讓自己留名，竟然要求學生投稿，再把作品占為己有。

職場上，有些主管會把部屬提出的想法，當作自己的創意向公司提出，對部屬的貢獻隻字不提，甚至連其他同事的想法都占為己有，佯裝成自己的見解，拿來向更高層的主管呈報。

這樣的行徑源自虛榮心和競爭心。

每個人都會想更上一層樓、追求卓越，這是很正常的心態，然而，當我們總想著要和別人競爭、比較，那就是「想讓別人肯定我」的虛榮心作祟罷了。

為求成功不擇手段、搶功勞的人，旁人也不會對他有好感，名聲自然也會變差，可是當事人卻對自己的行為無感，不覺得有什麼不妥之處。

這樣的虛榮心，對公司來說沒有任何好處。倘若真的想受到肯定，就不應該只想到自己，而該思考自己能為組織、團隊做些什麼。

如果組織、團隊裡總有人想著出風頭，問題可能不只在個人身上，助長爭功諉過風氣的組織，才是問題的癥結。功勞、績效，應該與組織、團隊共享，是「大家的」，而不是「個人」的。

從這個出發點來看，其實不論什麼工作，都需要團隊合作。而主管的工作，就是要讓部屬建立「工作是互助合作，而非彼此競爭」的觀念。

團隊裡，雖然不見得每個人都能受到表揚，但主管也不能把默默付出視為理所當然。主管要能清楚掌握團隊裡誰的貢獻多、負擔重，更不能忘記對這些貢獻心懷感謝。

24 不能把責任推卸給部屬

在賞罰教育下長大的人，進入職場後，會一直看主管的臉色行事。他們認為，既然自己判斷、處理，出了紕漏要被主管訓斥，倒不如乾脆什麼都不做。要是不服主管指揮，還有可能會被冷凍、在公司坐冷板凳，所以他們會乖乖聽命行事，即使要他們違法犯紀也無妨。

一味稱讚的教育方式也有問題。在《人生論筆記》一書中，三木清曾說：「讓部屬順從的捷徑，就是向他們灌輸出人頭地的想法。」

這句話想表達的是，告訴部屬出人頭地才是人生要務，暗示會以升遷作為回報，部屬就會對主管百依百順。

或許有些主管會覺得「部屬能聽命行事，不是很好嗎？」這裡我們要探討的問題是，當部屬聽從主管指揮行動，卻不幸出錯時，主管該如何因應。

在前一節中，探討過主管搶功的問題。就像孩子功成名就時，家長說是自己的功勞一樣，其實是孩子自己努力，才得以成功，不是家長的功勞。

有些家長則是在孩子闖禍時，會認為是自己的問題，這樣的觀念也不對。

或許家長的確會給孩子帶來影響，但孩子畢竟不是任家長擺布的木偶，小時候聽話乖巧，有一天也終將會放開父母的手離開。

不論成功或失敗，關鍵還是在孩子自己身上，因為孩子的行動，並不是由家長決定。

家長對子女的影響確實不容小覷，但孩子並不是只接受家長的教育，因此就算長大後有任何不良行為，也都不完全是家長的責任。

如果當部屬聽從主管指揮行動，卻不幸出錯時，或是主管指示部屬違法犯紀東窗事發時，倘若主管和前述的家長不同，沒有把孩子的問題視為是自己的責任，反而把所有問題都推卸給部屬，又該如何解讀？

首先，部屬會出錯，是主管給的指導有問題。不去檢討自己，反而去責備部屬，是很離譜的。

違法犯紀東窗事發，竟說是「部屬個人行為」，把責任推給部屬，是相當惡劣的心態。部屬不疑有他地接下主管的違法指示，固然有責任，但追本溯源，倘若當初主管沒有下達這樣的指示，就不會有接下來的問題了。

主管絕不能把責任推卸給部屬。如果主管還厚著臉皮說：「我的確說過『都是我的責任』，但沒說過我要負起責任。」光是嘴上說「都是我的責任」，實際上卻不肯一肩扛起的主管，部屬絕不會忠心追隨。

25 帶頭改變職場的氣氛

我因為常替企業講習，因此有機會造訪各大企業，發現每家公司都有自己獨特的職場氛圍。

這種獨特的職場氛圍，在演講結束後的提問時間，最能明顯感受到。如果部屬發問前還要顧慮主管，猶豫自己該不該提問，這樣的公司，就會讓我感到一種備受鉗制的氛圍；反之，若是不論主管或部屬都踴躍提問，能毫無顧忌地自由討論，就會讓人感到放鬆、自在。

有些人認為職場氛圍是不可改變的，甚至認為只要在團體中，就應該順從高階主管的指示，但職場氛圍真的不能改變嗎？個人真的只能順從團體的意志嗎？其實，職場氛圍會隨著人的行為而改變，並非是根深柢固的。

公司在我們進入之前就已經存在，任職前的公司和我們並沒有關係，直到我們進入公司服務的那一刻起，便成為公司的共同體。

這是什麼意思呢？把「我」和「你」想成是一個最小的共同體，應該就可以明白這個概念。由「我」和「你」所組成的共同體，在彼此相識前並不存在，相識後，這個共同體才會成立，如果再加入不同的人，就會形成新的共同體。

不論是由兩個人所組成的共同體，或是由許多人所組成的共同體，基本上都是一樣的道理，只要有新人進到公司，公司就會變成與以往截然不同、嶄新的共同體。

公司的氣氛也是一樣。當有新成員加入時，公司的氣氛絕不可能一如往常。

在《雜木林裡的莫札特》一書中，日本哲學家串田孫一*曾說：「下課前，老師問同學們有沒有問題，通常都不會有人發問。因為這時候如果舉手發問，很可能會耽誤到大

---

* 畢業於東京帝國大學哲學系，曾於上智大學、東京外國語大學任教，是日本知名的哲學家，也寫詩和散文。

家的下課時間，被其他同學討厭，特別是如果下課鐘聲在老師回答問題時響起，更會激起大家的反感。」

如果有人在這時提問，用現代的語言來說，就會被大家說是「白目」。然而，如果提問內容不僅對自己有益，還能讓大家都有收穫，即使壓力再大，還是應該舉手發問。

這樣的氛圍，不是強迫大家去做什麼，而是希望大家不要做什麼。在這樣的氣氛下，要逆風而行的確是不容易。

可是，職場氛圍看似無可動搖，難憑一己之力扭轉，其實只要有人願意勇敢站出來說該說的話、做該做的事，不再看臉色行事，必定可以改變現狀。

最有效的方法，就是由主管站出來當表率，努力改變職場氣氛。但未免判斷失準，必須先傾聽部屬的想法，以了解目前有哪些地方須改善。

第3章

面對不可知的未來，更要抉擇的勇氣

26 展現領導力的好時機

新冠肺炎疫情後續會如何發展，目前誰也說不準，想必有很多人都為此而感到不安。面對前所未有的情況，無法運用既往的知識、經驗來處理時，猶如在黑暗中摸索前行，難免焦慮不安。可是，不只是主管，部屬同樣會感到焦慮不安。這時主管能做些什麼？又該做些什麼？

當組織、團隊遭逢前所未見、又前景不明的危機時，最是主管展現雄才大略的良機。就像事先準備好的題目，人人會答，但即興提問，還能機智妙答，才是真本事。面對突發事件時，才最能發揮主管的實力。

不過，如果主管只想著展現領導力，便獨斷獨行，反而容易流於剛愎自用，導致判斷失準，相反地，凡事都不敢做判斷、下決策的人，則會失去勝任主管該有的信心。

不論是強勢或軟弱，這兩種主管都太在意別人怎麼看待自己。在《認識人性》一書中，阿德勒曾說：「只想著自己會給別人什麼印象、在意別人怎麼看待自己，將嚴重妨礙行動的自由。」

所謂「嚴重妨礙行動的自由」，是指主管當下該做的應該是穩定軍心、妥善保護部屬，如果只在意別人怎麼看待自己，就會錯失良機，沒做好自己真正該做的事，或做出該做的抉擇，說穿了，這樣的主管，只關心自己。

因此，說得更具體一點，既然大家都不知道眼前發生的事究竟會如何發展，主管就必須多傾聽部屬的想法，並且在做決定前，向相關人員諮詢請益，不可躁進。

再者，就算出現業績下滑等不利因素，主管仍應公布相關資訊，萬萬不可隱瞞，因為只要有任何一次隱瞞被發現，部屬對主管的信任就會蕩然無存，但這種時候，最需要的就是部屬的信任和協助，就算開誠布公，部屬也不會把業績下滑歸咎於主管，所以不需要刻意隱瞞。

接著，主管必須要有做抉擇的勇氣。判斷失準時，當然也要鼓起勇氣，盡快認錯，猶豫躊躇，只會被認為是逃避責任。

有時只要我們用邏輯思考，就能明白該怎麼做，不見得一定要等專家的見解。即使是來自政府等主管機關的指示，主管的工作，就是要先思考該項作為是否合理且必要。只會當高層傳聲筒的主管，恐怕也得不到部屬的信賴。

27 決定要明快，更要隨機應變

不論面對什麼，做抉擇都是很困難的一件事。

有時明知必須當機立斷，拖延只會讓事態惡化，但要親自做抉擇時，還是會猶豫、遲疑。

會讓我們猶豫、遲疑的最主要原因，在於抉擇後要負的責任。尤其是無前例可循的事，若沒有萬無一失的方案，就會讓人難以抉擇。

然而，如果事情的發展都能盡如人意，那就不必抉擇了。

因此，越是怕失敗、不願為抉擇負起責任的人，越會拖延到事態嚴重、非得決定不可的時候才做決定，而這時往往大勢已去，無法挽回了。

究竟該怎麼做才對？

要有「不怕負責」的心態

一九九五年日本阪神大地震時，避難所裡問題層出不窮，災民也無法洗澡，有一位醫師靈機一動，打算在體育館裡設置簡易澡堂。

可是，設置澡堂需經申請許可，繁瑣的流程曠日廢時，惹惱了這位醫師，於是他決定不等許可核發，先設澡堂再說。

後來我問他：「你難道不怕這樣做會被追究責任嗎？」他說當時在避難所義診，如果有人追究責任，他就辭去義診工作，以示負責。

「無前例可循」也就意味著沒有規則，我們豈能為了不願負責，而屈服於那些墨守成規的人？

抉擇要越快越好

當我們說「我知道現在是該抉擇的時候，可是……」時，內心並不是「要做抉擇」和「不做抉擇」在猶豫，說出「可是」，其實就代表了決定「不做抉擇」了。

英文有句諺語是「仔細看清楚再跳」（Look before you leap）。我們的確應該凡事小心謹慎，以免出錯，但太過謹慎小心，反而會錯失良機、一事無成。有時我們甚至需要「看清楚前就跳」（Leap before you look）。

「看清楚前就跳」固然可能失敗、出錯，但只要發現有錯，就立刻調整方向、重新抉擇即可，哪怕會被人說是朝令夕改也無妨。

在《想留給未來的事物——鶴見俊輔對談集》一書中，日本哲學家鶴見俊輔*曾說：「我們應擺脫『不准見異思遷』的武士道精神，投奔自由。」

抉擇太慢固然是個問題，一味堅持錯誤決策更是嚴重的問題。

* 日本知名哲學家、大眾文化研究者，也是一位政治運動者，外祖父是日治時期台灣總督府民政長官後藤新平。

主管在緊要關頭，必須做出明快的決斷，當然也要虛心接受批評指教，更要懂得「見異思遷」隨機應變。

28 適應變化，調整目標

為什麼我們會不敢做決定，是因為做了決定就會相對的衍生出責任。不敢負責的主管，想必一定會覺得「最好不要叫我做決定」。雖說主管應與部屬商量，不該以個人的好惡擅做決定，但最終決定權還是在主管手上。

主管會不敢做決定，其實還有另一個原因——害怕改變。

一旦決定要做什麼，或是不做什麼，現狀就不可能維持不變。現狀一旦改變，主管就完全無法預測接下來會發生什麼事，組織、團隊有可能無法像現在一樣安穩度日。

但說穿了，即使我們再怎麼怕改變，我們自己和這個世界都在不斷變化。

古希臘哲學家赫拉克利特（Herakleitos）曾說：「人不可能踏進同一條河流兩次。」

河水不斷流動，今天我們泡過腳的河水，明天早已流向他方，明日之我也非今日之我，我們所處的世界和我們自己，也不會一直維持不變。因此，變化是無可避免的。加上外在的突發事件，更不可能永遠維持不變。

生病的人，會覺得隨時沒有明天，一般人認為太陽每天都會升起的定律，對病患而言已非理所當然，也不能再按照健康時規畫的人生過日子。

目前肆虐全球的新冠肺炎疫情也一樣。不論願不願意，我們就是無法再過著和從前一樣的生活。即使日後疫情平息，後疫情時代的世界，勢必也與現今大不相同。如此一來，當初在疫情前擬訂的計畫，便成了毫無意義的空談。

既然這樣，就只能學著適應世界的變化，隨遇而安。新的生活方式的確會讓人不安，但不能因為這樣，就以不自由、不方便為由，堅持不改變。這個道理，套用在工作方式或經營方針上也相同。

要學會適應變化，就必須調整目標。一旦我們認定「不論發生什麼事，目標絕對不能更動」，便無法妥善順應各種變化。就像日本政府認為「依原訂計畫舉辦奧運」是絕對不容更動的目標，所以才會在防疫上慢了好幾拍。

飛機在平靜無事時，會讓人忘了它翱翔在空中，可是，一旦遇上狀況，也只好逼不得已，迫降在不是原本目的地的機場，這樣做風險固然很高，但為了安全，不能再墨守成規。

現在，正是考驗領導者膽識的時刻。

Part 2

從親子和師生的角度看帶人

29 不干涉別人的課題，也不擱置自己的問題

在阿德勒心理學中，有所謂的「課題分離」，這裡的「課題」，是指某件事最終結果落到誰頭上，或到最後會造成誰的困擾。只要思考事情最終必須由誰承擔責任，就可以知道是誰的課題。

以「被人討厭」為例，別人怎麼看待我們，或給我們什麼樣的評斷，其實都是別人的課題，不是我們的課題。

別人的課題，不是我們可以決定的。即使我們提出再好的建議，總會有人願意接受，有人選擇否定；再怎麼拚命努力，還是有可能得不到半點認同。

我們要把課題的歸屬劃分清楚。別人對我們的評價好壞，我們無從改變，只能任由

別人論斷。

舉一個簡單的例子，假設孩子不肯用功讀書，那麼讀不讀書，是誰的課題？如果成績因為不讀書而變差，就算有想上的大學，可能也會考不上，這個結果最後會落到孩子頭上，責任只能由孩子自己承擔。

絕大多數的人際問題，都是因為我們干涉了別人的課題，或是自己的課題被人介入所引起的。

就孩子的立場而言，沒人會覺得自己「不讀書也沒關係」，他們知道自己其實應該讀書，當然願意把書讀好、讀懂，更想考出好成績，進入自己喜歡的大學。

可是，如果孩子覺得「即使有心想讀書，但我就是很難拿起書本」、「我注意力不集中，成績一直無法進步」，而家長還毫不留情地干涉孩子的課題，要求他們用功讀書，孩子反而很難接受這些大道理。說穿了，其實避免人際問題最簡單的方法，就是貫徹「不要干涉別人的課題」，僅此而已。

我長年從事諮商工作，很多來找我諮商的家長，聽了這番見解後，都會說「不干涉，孩子的成績不會退步嗎？」成績退步是孩子要傷腦筋，不是家長；讀不讀書是孩子的課題，家長一概不要出手干涉。

倘若家長一定要出言規勸，倒也不是不行，但可以試著說：「我看你最近好像沒有用功讀書，可以聊聊嗎？」

聽到這樣的探詢，孩子仍可能會說：「少管我。」這時家長不能膽怯，可以說：「我不覺得情況有你想像的那麼樂觀。有什麼想商量的，隨時都可以告訴我。」說完後，就只能靜待孩子主動發聲。

有個朋友的女兒已經上國中，有一天，朋友女兒放學回到家，整個人很消沉，我朋友發現她是在學校和同學吵架了。平常這位朋友都會問女兒「發生什麼事了？」或安慰她「妳一定很難受吧」，這天她正好想到我說過的話，便告訴女兒：「如果有媽媽幫得上忙的地方，記得告訴我。」

語畢，她女兒回答：「有，讓我靜一靜。」被人追根究柢地盤問，想必也不會開心。當天孩子什麼都沒說，但隔天放學回家，她眉開眼笑地告訴父母，她和吵架的同學和好了。朋友後來告訴我，說她自己什麼忙都沒幫上，但她很高興聽到孩子解決自己的課題。

話說回來，當部屬的工作績效不見起色，或是一再出錯時，究竟是誰的課題？理論上來說，這是部屬的課題，和孩子不用功讀書一樣，失敗、出錯不是主管的課題，而是部屬自己的課題。

然而，在企業裡，這樣的想法是行不通的。主管和部屬之間的關係，不像親子關係那麼單純，況且部屬出錯，無疑是對整個團隊的衝擊，主管不能坐等部屬來商量呈報，要主動出擊，主管有必要積極採取行動。

當部屬老是出錯，就不是部屬的課題了，主管應該要想：「我身為主管，應該負起責任，是我這個主管的指導有問題。」視為自己的課題。

我從事教職多年，每當學生成績不見起色時，我總會認為是我的教法有問題，有這樣的想法，就會多用創意巧思調整上課方式。必要時甚至會直接和學生討論，了解究竟哪些地方不容易聽懂，或是平時的教法有什麼問題，改善教學。後來，學生的成績也都因此突飛猛進。

我之前曾在日本奈良女子大學教古希臘文，那時是每週上課一次，四月開學時開始教字母，到十一月時，學生就要會讀用古希臘文寫成的原典。而她們也都能達成目標，學會了用原文讀柏拉圖的《對話錄・蘇格拉底自辯篇》（*Apology of Socrates*）。

我當初花了三年時間才學到這個水準，同學們才學八個月，就有能力讀原文典籍，我想也和老師的教法有關。

主管不可以擱置自己的問題，更不能把問題推給部屬，要認真思考「我能做些什麼？」主管如果做不到這一點，組織、團隊就無法進步。

30 感受「自己的價值」，才有變好的勇氣

阿德勒曾說：「唯有在覺得『自己有價值』的時候，才會有勇氣。」

可是，不少人都會給自己負面評價，甚至還有人會說：「我這個人沒什麼了不起。」「我根本不值得一提。」「我不在，這個組織、團隊會表現得更好。」之類的話。

這裡所謂的「勇氣」，是走入人際關係的勇氣。為什麼走入人際關係會需要勇氣？因為與人交往免不了會發生摩擦。被嫌棄、被憎恨，或是遭人背叛等都在所難免，所以會在人際關係中受傷。

然而，**唯有在人際關係中，我們才能獲得人生於世的喜悅和幸福**，這也是不爭的事實。想過得更幸福，就必須承擔「可能會受傷」的風險，所以我們必須擁有「走入人際

關係的勇氣。」

為什麼走入人際關係的勇氣會和「自己的價值」有關?若我們覺得自己有價值,就會願意走入人際關係,因為一個有自信的人,不會害怕嘗試。

舉例來說,當我們有了心儀的對象,就會想向對方告白,會想傾訴情衷,很想吐露心聲,這時,有自信的人,就會大膽果決地告白。

然而,即使我們表明了心跡,對方也有可能不當一回事,甚至可能會殘忍拒絕,例如「我對你完全沒意思」、「我從來沒注意過你」等。若有人認為既然對方會說狠話來傷我的心,不如從一開始就別告白,決定不採取行動,似乎也無可厚非。

此時,「我根本不值得一提」就成了不告白的理由,覺得「我這個人沒什麼了不起,所以沒人會接受我的感情」,可是不把心意說出口,又怎會知道結果如何?也有很多例子是在鼓起勇氣告白後,對方也接受回應。

我母親在我二十五歲時腦中風病倒,和病魔搏鬥三個月,最後還是離世了,從此我和父親就相依為命。只要和父親待在一起,就會既緊張又煎熬,彷彿空氣都凝結似的。

當時，我想向現在的太太求婚，雖然想過，如果結婚後，就不會只有我和父親兩人生活，或許有助於改變現狀，但我當然並不是因為這一點才考慮結婚，總而言之，我鼓起勇氣求婚，對方竟然答應了。

人生就是有這樣的例子，凡事不嘗試就不會知道結果如何；害怕承擔風險，就得不到幸福。因此我認為，我們一定要**讓自己感受到自己的價值，才會有嘗試的勇氣**。

31
責罵雖速效，卻有不少負作用

「覺得自己有價值」是驅使我們走入人際關係的一大關鍵，主管必須協助部屬，讓部屬感受到自己的價值，否則就無法鼓起勇氣投入工作、投身人際關係中。

究竟該怎麼做，才能感受到自己的價值？這件事做起來其實並不容易，因為幾乎每個人都是在責罵或褒揚中長大。

通常部屬只要一出錯，主管就會出言訓斥，如果主管的提點是針對當下的疏失，想必部屬也會認同，然而，有些主管卻會翻舊帳，責罵部屬：「你老是這樣，什麼事都做不好。」

聽到這些話，部屬便不再認為自己有價值。有時甚至會反向操作，覺得既然自己沒有價值，就乾脆不再認真工作。由於訓斥、責罵會讓部屬不再認為自己有價值，因此這樣的方式並不是好方法。

在此，我提出責罵的幾個弊病。首先，訓斥責罵會拉遠人際間的心理距離，就像用望遠鏡的遠鏡頭看身邊的事物一樣，即使近在眼前，看起來也會變得很有距離。

所以，嚴詞訓斥如同拉遠彼此的距離，如果主管覺得可以在訓斥後再伸出援手，恢復如常，那就錯了。身為主管，面對缺乏專業知識和經驗的部屬，應該多方指導、協助，一旦彼此拉開距離，指導、協助便無法發揮功效，這就是訓斥、責罵會引發的第二個問題。

第三是有效性的問題。主管開口訓斥，的確能產生速效，例如現在有位部屬正在犯錯，只要嚴厲訓斥，部屬就會停手，可是即便部屬馬上停止，日後必定還會再犯，換言之，即使訓斥責罵能在當下產生效果，長遠來看，卻不見得有效。

再者，部屬一旦挨罵，表面上會先扮演「乖寶寶」，不敢再闖禍，不過部屬同時也無法再發揮他們的獨創力，不敢再用自己的創意巧思做新嘗試。

不僅如此，部屬還會變得事事都看主管臉色，做事前先以「會不會挨罵」作為判斷準則，無法獨立思考，因此，他們雖然不會再闖大禍，但會變得只敢打安全牌，使他們格局變得很小。我認為這是一個很大的問題。

學生時期，我曾參加過交響樂團。在我的記憶裡，當年與其說是去上課，不如說是每天都去學校玩樂器，那時我在樂團裡吹的是法國號，是一種難度很高的樂器，法國號演奏者最常出錯的原因，就是壓力，只要演奏者一緊張，聲音就會跑掉，或者該說是會吹出怪聲。

演奏時，除了現場環境，指揮也會讓演奏者感到緊張，如果演奏會上聽到怪聲，多半都是法國號演奏者出的差錯。如果世上有完美的指揮家，我想他們一定是讓人感覺不到存在的指揮大師，讓演奏者可以自在的演奏，從容地發揮實力，演奏出精彩的樂章。

挑三揀四或大肆批評缺點，讓人心生畏懼的主管，即使領導能力再好，他的部屬也不會成長。

很多人可能會對我的論述提出反駁，覺得如果不批評指正，那不就是放牛吃草嗎？

必要的指點當然不能不做，放任不會讓部屬變好，可是主管不需要責罵，平心靜氣地提點缺失即可。只要說明清楚，想必部屬一定可以接受，流於情緒宣洩的主管，越罵只會讓部屬越抗拒。

部屬或許難免闖禍、出錯，但主管難道不想培養出有能力獨立思考、行動的部屬嗎？身為主管，有時我們也會想和敢說「這樣不對」的部屬共事吧？

讓部屬從失敗中汲取教訓

闖禍、失敗，正是我們能學到最多的時候，不過一再重蹈覆轍，也會覺得非常難堪，所以要設法避免再犯同樣的錯誤。

以我和我兒子的相處模式為例，我兒子兩歲時，他拿著裝著牛奶的馬克杯，逕自走了起來。當時他的腳步還不太穩，可想而知，接下來會發生什麼事，很多家長可能會馬上大聲喝斥孩子：「坐下來！」

但我是怎麼處理的呢？我看兒子那副模樣，心想「反正杯子裡裝的不是熱飲，就算打翻了也不會燙傷，也不是玻璃杯，打翻了也不會太危險，應該沒問題。」說時遲那時快，他立刻就把牛奶打翻了。但他不是故意打翻，所以這只能算是出了一個「差錯」。

我並沒有因此訓斥他，反而是問他「你覺得該怎麼辦？」心想如果他回答不出來，就準備教他處理方式，沒想到他稍微想了一下，便回答「用抹布擦一擦。」

出錯後，可以用三個方法負起責任。「用抹布擦一擦」是其中之一。畢竟放著殘局不管，的確不太妥當，所以要設法恢復原狀。當下兒子既然這麼回答，我就請他自己拿抹布把地板擦乾淨。

第二個方法是，如果有人因為這個差錯而受傷，闖禍的人就該道歉。我想這個情況，在工作上應該頗為常見，不過，在我兒子的這個例子中，我並沒有受到傷害，所以不用道歉。

接著是第三個方法，由於一再重蹈覆轍很難堪，因此我順勢問兒子：「以後喝牛奶的時候，要怎麼做才不會打翻？」正當我猜想他會怎麼回答時，兒子便說：「要坐下來喝。」沒想到竟然說出了正確答案，於是我對他說：「那記得以後就要坐下來喝喔。」

看了這段例子，應該可以發現，我完全沒有訓斥孩子，不必動怒飆罵，他就懂得乖乖承擔責任。

如果家長還幫孩子把打翻的牛奶擦乾淨，更是一點意義都沒有，因為如此一來孩子只知道「不論我做了什麼，父母都會設法幫我收拾殘局」，等於是在教孩子不必負責任。

主管和部屬之間也必須如此，再怎麼訓斥都沒有意義。以往對部屬的訓斥，是否也只是讓部屬變得不負責任？這一點值得深思。

用請託代替責罵

阿德勒心理學中，認為「訓斥」是有目的的。或許有人會認為是部屬出了差錯，所以才罵他，但其實並非如此，當我們開口訓斥時，背後一定都有其他目的。

主管會大吼，只是因為想讓部屬把話聽進去，部屬聽了怒吼後，雖然內心抗拒，但也只能聽命行事。主管若要把自己的想法告訴部屬，希望部屬貫徹自己的意志，其實根本不需要仰賴「訓斥」這種情緒性的行為。

那麼，若不訓斥，還可以用什麼方法？說穿了，其實就是「請託」。當我們不用命令句，例如「給我去做某事」，而改用請託的語氣，例如「請你去做某事」，儘管語氣親切，但也是指令，可是這樣說對方就很難開口拒絕。

不用命令句下達指示，但又要請託別人辦事，有兩個方法。第一個方法是用「能不能請你幫我做某事？」這樣的疑問句，雖然這樣對方就有回絕的空間，不過因為語氣緩和，對方其實還是會很樂意幫忙。

另一個方法就是用假設句，例如「要是你能幫我做某事，那就幫了我一個大忙了」、「要是你能幫我做某事，我會很開心」等。這樣的說法，也為對方保留了回絕的空間，但聽到的人多半會樂於接受。

親子關係中，我常有類似的經驗。三十多歲時，我負責接送孩子到幼兒園，有一天，接孩子放學後，我要順道去超市去採買。

我很想避免單獨帶孩子去買東西，因為光想像就知道會發生什麼事——孩子會在零食區的貨架前，大哭大鬧地說：「我想要那個。」孩子很聰明，知道父母即使說「再鬧下去，你就不是我的小孩。」甚至轉身離去，也絕不會真的拋下自己，所以小孩會持續哭鬧。到頭來，父母顧慮面子，只好幫孩子買零食或玩具，讓孩子稱心如意。

其實，我從一開始就覺得買給孩子也無妨，畢竟就過去的經驗來看，我一個人應該是絕對拒絕不了他的要求。可是，如果我因為孩子哭鬧就屈服，同意他的要求，下次他還會再使出同樣的把戲，於是我告訴兒子：「你其實不必用哭的方式，能不能好好對我說，要我買給你？」孩子一聽，便不再哭鬧，還開口說：「如果你能買那包零食給我，我會很高興。」如果我們能知道如何教導孩子這樣說話，想必更知道怎麼開口請託。

我認為成年人也是一樣，平時應學會避免情緒性的言行。在職場上，主管和部屬的互動中，也可能發生前述的情況。但只要主管避免流於情緒、衝動，我想部屬一定也會有所改變。倘若部屬希望主管做什麼或不做什麼，會懂得該好好說清楚，不再一味顧忌主管臉色或畏首畏尾。

不須用責罵的方式彰顯自我價值

為什麼還是會有主管氣急敗壞地教訓部屬？他們其實是有目的的。這些主管發覺自己在工作上並不精明幹練，於是想在與工作無關的地方，顯示出自己的地位。

對此，阿德勒用「副戰場」或「第二戰場」來形容。原本工作場域才是主管的「主戰場」、「第一戰場」，主管應該在工作場域表現出精明幹練的一面，只要主管夠傑出，部屬一定會願意尊敬主管。

然而，內心深處認為「我就是不夠優秀，所以部屬才會不尊敬我」的主管，會做出什麼舉動？他們會把部屬叫到副戰場訓斥。

這些主管不肯努力提升自我價值，反而在與工作毫無關連的地方，用不合理的方式訓斥部屬，讓部屬畏縮、膽怯，以貶低部屬的價值，凸顯自己的價值。

阿德勒指出，這就是主管訓斥部屬的目的。當主管用不合理的方式怒罵部屬時，這位主管無疑就是缺乏實力、工作無能，而部屬也是這樣看待主管。

主管應該都不希望部屬這樣看待自己吧？因此，不論在什麼情況下，都不能流於情緒化攻擊，更不能用不合理的方式訓斥部屬，如有必要，可口頭提點部屬疏失，部屬若有需要改善之處，就仔細說明清楚，請部屬負起責任。如此一來，職場氣氛必能有明顯的改善。

部屬也有自己的想法，會選擇挨罵也有目的。不斷重複犯錯的部屬，如果願意認真學習，實力應該有所成長，不至於屢屢闖禍才對，可是為什麼他們會一再出現同樣的錯誤，不斷挨罵？

這是因為他們雖在工作上得不到肯定，但至少想透過「挨罵」的方式，來吸引主管的注意。與其被打入冷宮，不如闖禍挨罵，還能贏得一些關注。

挨罵還有另一個目的，就是想規避責任。有些部屬為了日後規避責任，於是選擇默默挨罵，之後才以「我當時就覺得主管做事有問題，可是他罵人太可怕，我才會什麼都不敢說」為藉口，逃避責任。

32 用謝謝取代讚美，讓人產生貢獻感

聽了我的論點後，很多人會說：「那只要讚美部屬就好了，對吧？」近來在親子和職場關係上，用讚美來幫助孩子或部屬成長的觀念，已漸成主流。

現在我比較少有機會為個案諮商，以往個案諮商時，偶爾會有人帶著孩子來求診。我記得有一位女士，本來都是自己一個人來諮商，有一天，她突然帶著三歲的孩子一同前來，說：「今天真的找不到人幫忙照顧，只好帶小孩一起來，不知道有沒關係？」於是我們幫孩子也準備了一張和媽媽一樣的椅子，請他坐在一旁。

諮商通常會談一小時，這位女士擔心孩子可能會坐不住，便在孩子的背包裡準備了零食、玩具，以及孩子喜歡的玩偶。打算只要孩子一鬧脾氣，就拿這些法寶出來安撫。

就我的經驗而言，三歲小孩已能理解周遭的狀況，一定可以乖乖等待。可是，只要大人認為「我的孩子沒辦法乖乖等待」，孩子就會一下哭、一下鬧脾氣，做一些讓父母傷腦筋的事，假裝自己等不了；然而，當大人相信孩子絕對可以乖乖等待時，孩子就能夠安分地等候。

後來，個案女士的孩子也乖乖地等了一個小時，沒任何哭鬧。據說這個孩子從來不曾這麼乖巧地等媽媽，所以離去前，女士對她的孩子說「你好棒！竟然可以等這麼久。」請把這個場景記在腦海，再聽我說一個故事。

一位患有憂鬱症的先生，獨自前來接受我的諮商。在諮商過程中，他很少發言，聲音也顯得有氣無力。當天一小時的諮商結束前，我問他：「你今天是怎麼來的？」他說：「是我太太送我過來的，她把車停在樓下的停車場，坐在車裡等我。」後來我告訴他：「下次諮商時，你可以請太太一起進來作陪。」下一次諮商時，這對夫婦就一起進到了診間。

諮商結束時，這位先生並沒有對太太說「妳好棒！竟然可以等這麼久。」要是他這麼說，太太一定會覺得先生瞧不起她，因為褒揚會讓一個人不再肯定自己的價值。

那位媽媽會對孩子說「你好棒！」是因為她認為孩子等不了那麼久，所以才會對乖乖等待、表現超乎預期的孩子說出這句話。

不論是責罵或褒揚，都反映了當事人在人際關係中抱持的心態，是上對下的縱向關係，而非對等的橫向關係。

阿德勒從一九二〇年代起，就明白主張「所有人際關係都必須是橫向的。」在阿德勒心理學中，認為「褒揚」並不對等，是「有能力的人」對「缺乏能力的人」、「上」對「下」所給的評語。

沒人會想在人際關係中居於下位，就算是孩子也一樣，因此讚美部屬是很怪異的舉動，它代表的涵義是「真棒！你這個人雖然無能，但這件事做得很不錯。」讓主管和部屬間的關係，成了縱向的上下關係。聽完這番論述後，我想應該再也不會有人敢隨便讚美部屬了。

若無法肯定自己的價值，就無法鼓起勇氣走入人際關係，或努力投入工作。所以主管的讚美會帶來反效果，最好能盡早戒除。

部屬贏得讚美後，就會以此為標準，判斷自己該採取哪些行動。就這個角度而言，它和責罵所帶來的弊病，幾乎是一樣的。

「沒人讚美就不做正確的事」也可視為讚美帶來的弊病。我分享一所小學的例子，有個小男孩發現地上有垃圾，便撿起來丟到垃圾桶，這樣做當然沒有任何問題，然而如果是在讚美中長大的孩子，碰到這種情況，他們會先四處張望，確認有沒有人看到自己撿垃圾，要是沒有人看到，他們就會直接走過，對垃圾視若無睹；要是知道有老師在一旁，他們就會刻意招搖地把垃圾拿到垃圾桶去丟，期望因此贏得讚美。

有位老師看到孩子撿起垃圾丟進垃圾桶，便在放學前的班會上，當著全體同學的面說：「今天我走過走廊時，看到一位小朋友把掉在走廊上的垃圾撿起來，丟到垃圾桶。我原本不假思索地想對他說一聲『謝謝』，但後來想想，會在沒人看到的地方，主動撿起垃圾丟進垃圾桶的，應該不只有那個小朋友，所以今天我想向不管有沒有人看到，都願意隨手撿起垃圾的各位小朋友，說一聲『謝謝』，謝謝大家。」

前文提過的三歲小孩，如果我們不讚美他，那該對他說什麼才好？只要說聲「謝謝」就好。會選擇說「謝謝」，其實是有原因的，因為阿德勒說：「當我們覺得自己有貢獻時，就能肯定自己的價值。」

換言之，當我們覺得自己對他人有益，而非一無是處時，就會認為自己有價值。我想各位應該都曾有過類似的經驗，所以能明白「謝謝」和讚美的不同。

當孩子得到的不是讚美，而是父母的一聲「謝謝」時，他們就會明白：「原來我安靜坐好一小時，就是在幫父母的忙！」這就是一種「貢獻感。」有貢獻感就能肯定自己的價值，並鼓起勇氣走入人際關係。而幫助他們培養勇氣的行為，在阿德勒心理學中稱為「賦予勇氣」。所以，就讓我們多說「謝謝」吧！

聽了我的建議後，馬上就有人提出反駁。有父母會說「我家小孩一天到晚，都在做惹我生氣的事，根本沒有值得我說『謝謝』的時機」；職場上也是如此，有主管會說「要我對既沒經驗，又老是出差錯的部屬說『謝謝』，我說不出口。」

要處理這樣的問題，有兩個訣竅。

聚焦在行為的正向面

這麼做也可以淡化行為造成的負面意義，也就是說，面對同一個行為，我們可以調整自己的觀點，關注在正向意義。

例如讀高中的兒子早上睡到九點才起床，這時我們可以聚焦在「起床」這個正向面，而不是教訓他說「你知道現在幾點了嗎！」或許父母看到孩子「起床」很難有「太好了，他沒有不舒服」的想法，且心懷感謝，但要是孩子仍躺在床上，不舒服到無法起身，恐怕也很傷腦筋吧？這樣一想，幾點起床就不是問題了，只要我們聚焦在「從床上起來」這個正向、合理的部分，不要過於關注「早上九點」這個負面、不合理之處，就能對孩子說出「謝謝」了。

很多人都沒有發現，其實不論什麼行為，都一定有合理的地方。即使是一直在闖禍的部屬，只要人能平安到公司來上班，還是很值得感恩。所以，請主管務必對部屬說一聲「今天也很謝謝你。」

聚焦「存在」本身

我兒子曾幫我上了一課。兒子在讀小學時，有一天晚上，時間已經不早了，他突然跑來對我說了一聲：「今天很謝謝你。」我反問他：「我好像沒做什麼值得你道謝的事，你在感謝什麼事？」他說想對「今天能和爸爸共度一天」道謝，不是因為和我去了哪裡，或做了什麼特別的事。

我以前從沒想過，可以為這樣的事道謝，我還記得當時對孩子說了一句饒富趣味的話：「謝謝你今天幫我上了一課，讓我知道原來『謝謝』可以這樣用。」當我們聚焦於人的「存在」，而不是只關注「行為」時，對任何人都可以說得出「謝謝」。

所以，對欠缺實力的部屬，我們也要說「謝謝」。結束一天的工作，準備下班回家時，也別忘了說聲「今天很謝謝你。」主管切忌把什麼都視為理所當然，要常懷感謝，即使是請人幫忙影印這件小事，也要說聲謝謝。至於為什麼要說「謝謝」，那是因為我們希望聽到的人能產生「貢獻感」。

貢獻感能讓人肯定自己的價值，進而鼓起勇氣走入人際關係或全力投入工作。因此，只要一有機會，就試著說聲「謝謝」，職場的氣氛一定會有所改變。這件事一定要有人先帶頭開始做，否則職場只會一成不變。

我分享我父親的一段故事。我父親當年因為罹患阿茲海默症而失智，因此我和太太在家照顧他，自從我們開始找機會向他說「謝謝」後，他竟也開始對我們說起「謝謝」。我父親生於西元一九二八年，在此之前，他一生都沒對家人道謝過。

有一天，我幫父親準備了午餐，沒料到他竟對我說了一聲「謝謝」。這句突如其來的「謝謝」讓我滿心歡喜，等他用餐完，我伸手收碗盤時，他又對我說了一聲「謝謝」。你猜得到他接下來說了什麼嗎？他說「飯還沒好嗎？」聽到這句話時實在是很讓人無語，但畢竟他生病了，忘記自己剛吃飽也是情有可原。

如果回答「你不是才剛吃過嗎？」只會讓他的病情更加惡化，所以這時只要根據事實，告訴他「你剛才吃過了」就好。後來他只說了一句「喔，這樣啊」就沒再追問了。

不論是在家或組織、團隊裡，只要有一個人開始說「謝謝」，這個家庭或組織、團隊必定會出現變化，所以希望每個人都能做到。

33 找出對方的正向意圖，改善彼此關係

關於道謝，我有聽過這樣的反駁：「我明白為什麼要道謝。可是別人都不向我道謝，為什麼我還要這麼做？」這點的確是無可奈何，回想當我們向別人道謝時，別人一定也會回我們一聲「謝謝」嗎？我想答案應該是否定的。

以做家事為例，飯後的整理工作很累吧？不只要洗碗，還得清理廚餘。當家中其他成員都已悠閒地賴在沙發上看電視、放聲大笑，自己還在獨自洗著碗……。請想像一下畫面。

這時，就算一邊洗碗，一邊想著「為什麼只有我一個人要做這種事？真討厭！」家人也不會過來幫忙，因為你只是在表達，我做的是一件苦差事，甚或可說是一種犧牲。

但如果轉念一想，洗碗其實是在為家人奉獻。既然是為家人奉獻，就能從中得到「貢獻感」，感覺自己是有用的。**當我們覺得自己有所貢獻時，就能肯定自己的價值；能肯定自己的價值，就能產生勇氣；擁有勇氣，就能活得幸福。**

當我們愉快地哼著歌洗碗，心懷感謝時，家人說不定就會過來說「這麼開心，那我也來幫忙吧！」當然也可能不會有人來幫忙，甚至可能無人聞問。

只要產生「貢獻感」，尊重需求就會被滿足。我們會期待從他人身上獲得尊重、肯定，想要得到別人一句感謝，然而期待越多，失望就越多。主管或許很難獲得部屬道謝，但只要堅定信念，聚焦在部屬的貢獻上，並開始向他們道謝，說不定部屬也會跟著模仿。

「道謝」這件事，只要有人帶頭開始，自然能看到改變，不會再一心想著要爭取尊重、肯定。

要培養「想為他人貢獻」的心態，就不能覺得別人都是小人。「小人」這個形容或許用得不恰當，阿德勒用的詞彙是「敵人」。如果我們覺得別人都是小人，隨時都想對自己見縫插針、構陷誣害，恐怕就不會想為他人貢獻了。

有這樣的情況時，就要重新檢視別人的言行。不論是部屬、上司或家人，只要覺得別人對我們有敵意，就要懂得從他們的言行中，找出正向的意圖。

我和我父親的關係不睦，為此吃了很多苦頭。母親過世後，我和父親兩人同住，那段期間，我們總是外食，外食不僅開銷大，而且附近的店家也很快就都吃膩了。

當時，我和父親都不會做菜，有一天，父親突然開口說：「總得有個人煮飯才行。」他口中的「有個人」當然不是指他自己，所以我馬上就聽懂這句話的意思，其實是叫我負責煮飯，於是我便開始學著下廚。

當年身邊沒人可以教我，於是我買了一本《男人的料理》來參考，但這本書比較適合週末有時間時再來照著做，對我來說派不太上用場。但我發現書上有教從炒麵粉開始做起的正宗咖哩飯，於是我照著食譜，花三個小時煮出了咖哩，這時父親剛好回到家。

我忙了三小時才端上桌的咖哩，他只吃了一口就說：「以後別再煮了。」當下我心想：「好不容易煮好這一餐，竟然這樣說！」我必須從他說的話和行為中，找出正向的意圖，否則我以後很難再為父親貢獻。

我沒辦法改變我父親，只能改變我自己，改變不了別人，不如改變自己的感受、想法。即使我再怎麼責難父親、吵再多架，都無濟於事。

於是，我開始思索父親說這句話，背後有沒有任何正向意圖。後來，我花了十年，才了解他的用意。因為當年我還是個研究生，所以他想表達的其實是「要把心力放在讀書，別再做這種費工的餐點了。」

父親惜字如金，和我的關係也不怎麼融洽，所以我一聽到「以後別再煮了」，就認定他的意思是「這麼難吃的東西，以後別再煮了。」後來，隨著父子關係的改善，我才察覺到當時父親的那句話，應該是這個意思。

不論是與部屬還是家人間的互動，要想改善彼此關係，就必須找出對方的正向意圖。賦予周遭的人或是賦予自己勇氣，就能肯定自己的價值。我也期盼每位主管都能協助部屬鼓起勇氣、積極投入工作，或是不畏與人互動，勇於走入人際關係。

如此一來，部屬必定會認為主管不論是面對自己的課題，或是處理他人的課題，都從不逃避。看著主管的英姿與勇氣，自然也會被感染。

所以，或許主管有時會覺得不甘心，但**主管要做的，不是檢討部屬該如何改善，而是要以身作則，鼓起勇氣面對課題**，否則組織、團隊就只會一如既往，部屬也不會改變。

34 跳脫競爭意識，也能成為更好的自己

不論是工作上或生活中，難免會碰上一些抱持「只要自己能幸福，犧牲別人也無妨」的人。遇到這樣的人，主管該如何因應？

主管可以試著跳脫競爭意識，告訴部屬沒必要為了獲勝，或是要刻意證明自己的優秀，在比賽中落井下石、趁人之危。

我在五十歲那年因為心肌梗塞，做了冠狀動脈繞道手術，手術需要全身麻醉、暫停心跳，再用電鋸切開胸骨，我聽說因為手術太過疼痛，曾有患者竟在手術過程中甦醒。總之，我好不容易順利完成這場大手術，卻在術後第三天被要求下床走路，醫學上稱為「早期下床」，也就是我必須盡快起身復健，有人建議我：「趁在醫院，你快下床走動、

復健，就算不小心跌倒，也不用擔心，一定會有人發現。」於是我拚命地復健。

然而，傷口還是很痛，所以我總是按著胸口，拖著腳步慢慢走。有一天，我走了六十公尺，在這前後所做的檢查都沒有異狀，於是醫師要我隔天走一百公尺，後來距離又逐漸拉長到了兩百公尺，這方式稱為「平地步行」。到了下一階段，我開始練習上下樓梯，也就是爬樓梯到樓上，再下樓回到自己病床。

阿德勒會說這是「追求卓越」，意思是指我們都會想成為更好的自己。復健時，我並沒有和其他人比賽，我唯一想做的，就是努力讓自己的狀態變得比現在更好。

這兩者之間的差異在於，不是透過與他人比較，來讓自己變得更好，而是要和過去的自己比，為了變得更好而努力。希望主管也能持續不斷地朝這方向努力。

有時候，有目標也不錯，因此可以設想一個「想變成那種人」的目標人物，不過，這個人物是砥礪自己的人，絕不是競爭者。自己一個人獨活，根本不是一件好事，如果你打造了一座輻射避難所，自己在危急時躲進去保命，但一個月後出來，卻發現四下空無一人，恐怕活著也覺得沒什麼意思吧？

日本小說家芥川龍之介寫過一篇短篇小說《蜘蛛之絲》，描述一個名叫犍陀多的罪人，想藉蜘蛛絲攀爬到極樂世界，他在攀爬途中往下一看，發現很多人都和他一樣抓著蜘蛛絲，心想：「這麼多人爬上來，蜘蛛絲會斷掉！」於是想把後面的人都踹下去，沒想到此時蜘蛛絲應聲而斷。

主管不妨告訴部屬，只想獨善其身不僅對自己不利，對整個團隊也是一大傷害。

35 要有被討厭的勇氣，也要具備讓步的空間

太害怕「被討厭」，就會不敢把想說的或該說的話說出口。這對組織、團隊而言，有時會造成不好的影響。我認為，**不管面對的是長官、同事或部屬，在職場上要關注的重點，不是「誰」說了話，而是他「說了什麼」**。

如果說的是錯的，即使對方是主管，我們也要有敢說出「這好像不太對？」的勇氣，所謂「被討厭的勇氣」就是這個意思。

想活出自我，卻又老是在意別人怎麼看待自己，就永遠走不出自己的路。我在韓國演講時，有位年輕朋友說：「我本來有喜歡的人，可是父母反對，我因為不想讓父母傷心，所以沒有和她結婚。」

我對他說：「不管父母怎麼抱怨嘆息、煩惱傷神，那都是父母自己要設法處理的課題，你不必承擔。只要你最後能得到幸福，就是孝順。」反之，如果不這樣做，我們就無法活出自己的人生。

我們一定要避免兩件事：

1. 該說的話不敢說。也就是原本有話該說，可是為求自保卻選擇沉默，這是一定要避免的。
2. 把錯推給別人。例如婚後與另一半處得不好，就歸咎到對方身上，認為都是對方的錯。這種想法很不恰當，既然是自己的人生，就要自己負起責任。

我曾在大學教古希臘文，只要有同學表示「能不能換簡單一點的課本」，都會被我回絕，不論同學對課本有再多不滿，再怎麼不想用這份教材，我都敢從專家的角度，斬釘截鐵地說非得用這份教材不可，所以我從來不曾屈服於同學的抱怨。

不過，每學年一開始，我都一定會和同學們討論課程進行方式，看同學比較希望老師單方面講課，她們只負責聽講，還是希望雙向互動，請她們回答練習題，必要時我再補充說明。只要是經過討論、達成共識，就會採用雙方同意的方式來上課。

企業經營也是同樣道理，如果主管一心認為自己要有「被討厭的勇氣」，埋頭蠻幹，不願傾聽部屬的不滿，組織、團隊恐怕很難順利運作。雙方有必要針對哪些地方可以讓步，或可以讓步到什麼程度，好好坐下來談一談。

Part 3

與主管對談的實務帶人問與答

36 新進員工很玻璃心，怎麼辦？

Q：我經營一家小公司，對於「如何指導員工」感到很苦惱。新進員工很玻璃心，跑業務被客戶拒絕後，就會大受打擊，從此一蹶不振；我本來期待中生代和資深員工會順應時代潮流，主動求新求變，沒想到他們也不思進取。面對這兩類員工，我該如何與他們互動？

A：我認識的年輕朋友中，有一位當初進到一家東京的企業上班，四月才剛進公司報到，撐不到五月黃金週連假就辭職，搬回京都的老家。

我就是在這個時候認識他的，我問他為什麼辭職，他說：「因為公司強迫我去跑業務，做陌生開發。」主管口頭上命令他「給我去拿訂單回來。」但心裡並不覺得部屬真的能做到，似乎只覺得這是新人訓練的一部分，就要他去做了。

他說他會下定決心辭職，其實還有一個原因，「因為主管和同事看起來一點也不幸福」這件事似乎才是壓垮駱駝的最後一根稻草。

他做事很果決，心想：「這裡我實在是待不下去了。要是繼續待下去，到三十歲或許買得起房子，但是到四十歲就要買棺材了。」於是便決定馬上遞辭呈。後來，他說有朋友創業請他去幫忙，便又去了東京，之後我就沒再看過他，我想他應該過得很好吧。

如果面對這樣的年輕人，總是貼標籤說：「現在的年輕人真是草莓族。」情況不會有任何改變。思考年輕世代問題時，與其檢討他們的心態，不如多想想該如何介入改變。只會要他們加油的主管，年輕人恐怕不會願意追隨；刻意讓年輕人失敗受挫，當作是磨練的指導方式也已經過時，恐怕行不通。

Q：那究竟該怎麼做呢？

A：不妨先強調「就算失敗，還可以再重來」。當我們下定決心要做某件事時，根本沒人知道結果會如何。所以我們必須事先告訴部屬：「你試過之後，如果不順利，隨時都可以回到原點，選擇改走另一條路。」

主管自己也必須跳脫「一旦決定就必須堅持到底」的成見，明白轉換跑道一點也不可恥，反倒是很有勇氣的行為。

Q：員工說「想做」，但我們已經知道那件事不會成功時，還是應該放手讓員工去做嗎？

A：年輕人遭受挫敗時，如果主管用「看吧！我就知道你會失敗」的態度來面對，他們當然會反彈，心想「既然你早就知道，怎麼不一開始就告訴我！」如果你已經知道事情不會成功，或許該用「這只是我個人想法」為前提，事前把自己的想法告訴部屬。

接著，只要再補上一句：「這件事究竟會不會順利成功，現在我也不知道。萬一做了之後不順利，到時候我們再重新思考吧。」想必部屬就不會有一定要硬著頭皮做事的心情了。就算事情真的失敗，也不能對部屬說：「因為你的想法太淺薄。」不能對部屬抱持這種心態。

Q：所以還是要與部屬對話，是嗎？

A：沒錯，對話或討論都很重要。只是聽，沒有說，就沒有機會表達想法，我認為彼此把話說出口、好好討論，非常重要。

Q：所謂「彼此好好討論」是要做到什麼程度？

A：要討論到彼此都能接受為止。「沒時間」不是一個可以被接受的理由，要花充分的時間，至少談到彼此都能接受，有「先這樣試試看」的結論才行。

在阿德勒心理學中，這就是所謂的「邏輯後果」，也就是透過討論來預測後果。現實生活中，有太多事都是等發生再處理就來不及了。若是後果是可預期的，最好一開始就先做好防範。

不過，如果用「你覺得再這樣下去會怎樣？」這種話，可能會讓部屬覺得你在挖苦、恐嚇或挑釁，尤其平常關係緊張的話，聽到這樣，更有可能會往壞的地方想。因此，平時彼此的關係好壞，也成了討論能否順利的關鍵。

另外，主管能否了解自己與部屬間關係是對等的，而非上下關係，也至關重要。如果彼此能建立對等的關係，部屬也會明白不必想太多或心懷警戒，也更願意敞開心胸討論，不會覺得是在被挖苦、試探。

主管要懂得開口問：「我這樣的說法，你覺得怎麼樣？」不斷獲取回饋。即使再怎麼堅稱「那不是我的本意，我並沒有要傷害你的意思」、「我無意把話說得那麼過分」等，都沒有用，重點在於對方聽了之後的感受。

以往和孩子說話時，我也常會問：「我這樣說，你覺得怎麼樣？」只要兒子說「不怎麼樣。」我就會再和他討論，並問：「那你覺得怎麼說會比較好？」

最好能把話說出口，透過對話互動來確認彼此的感受、想法，因為同一套說法，不一定對每個人都有用。

我舉個例子，可能有點離題，但主張不能讚美部屬或孩子的人，常會被問到這樣的問題：「當部屬完成一件超乎預期的事時，我總會不由自主地脫口說『你好棒』，這樣算是讚美嗎？」就結論來說，答案是要看對方怎麼想，有人聽了後會覺得是一種讚美，但也有人不這麼想。

我女兒直到最近，才開始看我寫的有關教養的書，想必是因為她也開始為人母的緣故。女兒問我：「你的書裡有寫到『不能讚美』，可是孩子能自己站起來的那一刻，我不假思索地脫口『你好棒』，這樣算是讚美嗎？」要確認算不算讚美，有執行上的困難，因為這件事只能問對方怎麼想。

我兒子四歲時，有一天，他在組裝「PLARAIL 鐵道王國」，我太太看到屋裡滿地都是他組裝好的複雜軌道，便對他說「你好棒！」結果兒子回答：「大人看起來可能覺得很難，但我們小孩覺得一點也不難。」便不再繼續組裝。想必他心裡認為「我又沒有拜託你來為我打分數。」

我兒子的反應是如此，但有些孩子可能會因為聽了這句話就變得幹勁十足。所以，我們需要問對方：「剛才我不小心脫口說『你好棒』，你有什麼感覺？」雖然的確很麻煩，但教育本來就是一件傷神費時的事，這些時間和麻煩千萬不能省。

面對中生代和資深員工時，希望他們自己順應時代潮流，主動求新求變，但他們卻不願意接受變革。

很多人都害怕改變，不只是中生代或資深員工，也有很多年輕人害怕改變。為什麼會害怕？因為不知道自己做了改變後，未來會發生什麼事。假如新生代和資深員工都有人害怕改變，主管就要仔細說明，讓他們知道不必恐懼，而不是用「你可是公司的中流砥柱」、「你已經是資深員工了」之類的說詞回應。

37 如何向員工傳達公司理念？

Q：我經營一家小有規模的診所，但員工很難體會我的想法，讓我很苦惱。

我希望看到員工成長、擁有幸福人生，所以不惜重金，在人才培訓和溝通上做了很多投資。可是，我的好意卻招來了反效果，我為員工著想，辦了講習活動，結果員工竟然認為「上這些課沒幫助」、「參加講習反而加重了我們的負擔。」

另外，我覺得我已經向員工傳達了我的想法、觀念，但還是有人反應「公司的理念、遠景不明確」、「不知道老闆在想什麼？」究竟該怎麼做，才能讓員工體會我的想法、理念？

A：想法、理念當然要傳達，但不能一廂情願，一定要確認自己說的話，對方能接受到什麼程度。

員工的心聲能傳到老闆耳裡，這是件好事。最讓人頭痛的，是連抱怨、不滿都不敢說出口的職場。當職場上出現抱怨、不滿的聲浪時，懂得營造「有意見都可以表達」的氣氛，至關重要。主管要不斷傾聽各方意見才行。

既然員工有時很難體會你的想法，你當然也會有不懂員工想法的時候，必須投入時間費心說明才行。

前文談到主管和部屬平時的關係好壞，十分重要。這裡所謂的「良好關係」，需具備以下四個條件：

相互尊敬

彼此互相敬重，雖然說「相互」，但主要還是以主管能否尊敬部屬、能否全盤接受部屬為首要。這是雙方建立良好關係的第一個條件。

信任

也可說是「互信」，同樣是要由主管先信任部屬。這裡的「信任」有兩個涵義。

第一個涵義是「相信對方有解決課題的能力」。例如主管要相信即使自己不替部屬完成工作，部屬也會自行做好分內之事。

有位雜誌的總編說：「截稿前我看了一下部屬的原稿，發現根本不能用，所以我就重寫了一份。」主管這樣做，部屬永遠不會成長。主管放手讓部屬去做，確實是會有風險，畢竟如果趕不上截稿時間的話，會很麻煩。即使如此，還是要信任部屬一定能把工作做好，相信部屬也會為了不辜負主管的信任而努力。

信任的另一個涵義，是相信對方沒有惡意，意圖是正向的。

舉例來說，如果我們聽到部屬表示「我覺得負擔很重」、「我完全聽不懂你在說什麼」，或許會覺得很氣惱、不舒服，但我們要相信這些話都是出自正向的意圖。換句話說，我們要相信「這個部屬是為了公司好，才坦然說出自己內心的想法，絕不是對我有惡意，也不是要找我麻煩。」

彼此溝通、建立互助合作的關係

一定要傾聽部屬的意見，不能凡事都由主管決定，要求部屬只要聽命行事。啟動一個新專案時，要由眾人一起推動，而不是由主管拿走主導權，要求部屬照著做；發展不如預期時，要停下腳步，重新思考，提出新建議。主管和部屬站在各自的角度、立場發言，一起完成任務，這樣的合作關係，是主管和部屬建立良好關係的第三個條件。

目標一致

主管和部屬要找到共識，明白工作上的共同目標為何。說得更宏觀一點，就是辛苦工作的目標是什麼，知道這點，彼此的關係才會好。

舉例來說，大學時談的戀愛，因為在校期間能天天見面，因此不會出現什麼問題，但畢業後，彼此分隔兩地，就必須討論接下來有什麼打算。例如，要談遠距離戀愛，還是要住在一起？如果一起住，要住哪裡？這些都是情侶必須討論的議題。如果雙方無法達成共識，即使具備前三項條件，關係還是不會變好。

我認為前述問題，是因為對「在工作上的目標為何」這件事，和部屬沒有達成共識，所以彼此關係才會不睦。

舉例來說，以病患的角度來說，想信任醫師、與醫師建立良好關係，並不容易。儘管知道醫師有專業知識，但要放心把自己的身體交給眼前的人，還是需要花一點時間。

我在十三年前罹患心肌梗塞，做了心導管手術後才總算保住一命，後來因為動脈還是有些狹窄處，所以隔年又再動刀。這次不是用心導管，而是做冠狀動脈繞道手術，由於手術過程中病人身體不能有任何動作，所以要暫時停下病人的心跳，在近乎休眠狀態下進行。

醫師因為診療過許多類似的病例，或許會覺得這點手術沒什麼大不了，但身為病患，聽到自己要被暫停心跳，還是相當害怕。手術當天早上醫師巡房時，執刀醫師問我：「看你臉上還掛著笑容，其實心裡很害怕吧？」我說：「是的，醫師我好怕。」說完後，心情竟突然平靜下來。

這時，醫師回了我一句：「你可能很害怕，但我可是胸有成竹。」通常醫師不會說這樣的話，因為萬一有什麼三長兩短，醫師是要負責的。可是就因為我聽到「我可是胸有成竹」，而不是「手術中會發生什麼事，誰都說不準」，我才願意放心把自己託付給這位醫師。他明白我的脆弱，還願意向我顯示他的信心，這舉動真的很令人感動。

後來我聽說，原來這位醫師曾為自己的父親動過心肌梗塞手術，因為我曾聽過「醫師不能幫至親動手術」，所以備感訝異。醫師告訴我：「幫父母開刀很容易，手術時只要想著專心為父母治療就好；幫你動手術可就不一樣了，手術時想著你有太太、小孩，還有父母，顧慮很多，真的很辛苦。」

起初我以為醫師會把我當成「物體」，不帶感情地動刀切開我的身體。當我知道醫師動手術時，是把我當成一個獨立的個人看待時，我感到萬分羞愧。

主管和部屬之間也是一樣，當部屬了解主管是「對等看待部屬」、「把部屬視為一個獨立個人」時，雙方就不會產生對立的情緒。

醫師和病患之間儘管立場不同，但目標是一致的，就是要讓病人身體變好、治癒疾病，所以會共同努力。

病患其實也很努力，絕不是任人宰割。雖然被麻醉，但病患自己也必須抱持「我要康復」的樂觀想法，讓身體撐過這場大手術。當時我知道自己一年後要再動手術，便用這一年的時間，減掉了十公斤。人只要認真起來，什麼事都難不倒。

開刀畢竟是攸關生死的大事，所以我盡力做好患者能做的一切，醫師也發揮他的專業知識與技術，為我動手術。因為我們建立了這樣的合作關係，所以我今天才能恢復健康。即使角色、立場不同，但彼此都是對等的，這個道理說來簡單，做起來卻很不容易。

還有一個妨礙彼此建立良好關係的障礙，就是覺得自己是「內行人」時。用蘇格拉底的說法是「無知之知」，現在我們則說是「自覺無知」，意思是指人要有自知之明，明白自己其實什麼都不知道。在建立人際關係時，倘若我們認為對方是智者，就會把判斷和決定權都交給對方，導致彼此淪為上下關係。

即使年輕人把年長者視為引導者，彼此仍無法建立良好的人際關係。例如醫師當然有專業知識，而我是心理諮商師，也具備各方面的相關知識，不過這些知識和人際關係是兩回事，即使我有專業知識，也可能會出錯。

心導管通過動脈時，病患身上的疼痛、心裡的不安，醫師恐怕不會知道。進行手術時，有些醫師自知不了解病患這些感受，也有些醫師對這些感受完全不以為意。這兩者之間的差異，關係到他們能否與病患建立信任。

年輕醫師身強體健，沒生過大病，所以恐怕很難體會死亡近在咫尺的感覺，也無法體會隨時可能離世的病患，內心是多麼不安。年輕醫師在為比自己年長，甚至和自己父母年紀相仿的病患診療時，能不能自覺到其實無法同理對方的感受，表現會大相逕庭。

Q：你說要投入時間費心說明，這一點我完全認同。但企業主真的很忙，我想其他企業先進也是一樣，確實很難撥出時間來處理這件事。你覺得我們可以怎麼做？

A：溝通還是必要的，也必須投入完整的時間，這是最理想的狀況。不過，對照現實情況，我也明白要做到這種程度，的確非常困難。

然而，光是明白現況也是改變不了困境。儘管理想主義受人抨擊，但「理想」就是因為不切實際，才會是「理想」，如果能輕易實現，就不是「理想」了。因此，理想上，希望能投入更多時間，費盡心思、不厭其煩地教育員工，傾聽他們的心聲。即便是理想，也只能朝著這個方向一點一滴的努力、改善。

連梯子也不架，就想一躍而上，當然不可能辦到，所以要先從自己做得到的地方開始著手，一步步地向前邁進，不能一開始就認定「辦不到」，不能放棄，我認為是很重要的態度。

絕大多數的人都會說：「你說的我們都很明白，可是……」換成英文就是「Yes, but...」。當你說：「好的，我明白了。可是……」的那一刻，無疑就已經決定了「不做」，而不是還在猶豫該怎麼辦。

我曾為諮商的個案做過不說「可是」的訓練。只要個案一說「可是」，就問他：「你今天說第幾次『可是』了？」再把「可是」所代表的意義告訴他。後來，這位個案就不再滿嘴「可是」了，只要我們有這樣的意識，行為也會隨之改變。

說「可是」的人，以阿德勒的說法，就是有「自卑情結」（Inferiority complex）。

所謂的自卑情結，就是在日常生活中廣泛使用「因為A所以不能B」、或「不A所以不能B」的邏輯。

「我沒時間，所以很難撥出空檔和員工溝通」，問題固然無法一朝一夕間解決，但仍必須不斷努力，至少能逐步一點一滴地解決。

主管可以仔細地向員工說明辦理講習的目的，讓他們知道上課不是強迫，也不是為難。或許員工會覺得「參加講習很麻煩」，但參加講習之後，有助於促進員工的成長，也可以讓職場環境變得更好，不妨把這些原由講給員工聽。

Q：但我們真的沒時間。

A：可以找部屬商量該怎麼辦。員工都知道你沒時間，因此主管和部屬就只能一起思考如何改變現狀。如此一來，必定會有部屬提出主管從沒想過的建議。

Q：就這麼簡單嗎？

A：就這麼簡單，主管不要想把所有事情都一肩扛起。在親子關係中也一樣，當家長向我尋求建議，問我：「孩子有些偏差行為，該怎麼辦？」我會回答：「這件事只能去找孩子商量。」家長們總會對這個答案感到很訝異，反問我：「真的可以找孩子商量嗎？」

不找孩子商量，該找誰？來找我商量，我也很難給予正確答案。「我的小孩偷了東西，他為什麼會偷竊？」這個問題我也無能為力，但只要回去問孩子：「我不知道該怎麼辦，你覺得怎麼處理才好？」就能找到答案。

能找對方商量，進而彼此互助合作，這很重要。或許不一定能解決問題，但只要能建立這樣的合作關係，職場環境就會逐漸改變。

Q：我只要去找部屬商量，告訴他們我是真的有心想改善，還去上了岸見老師的講座課程，學了阿德勒心理學。這樣就行了嗎？

A：阿德勒的心理學中有所謂的「不完美的勇氣」（Courage to be imperfect）。參加了一場講座，不見得會有立竿見影的改變。你明天到公司，可以告訴員工：「我去上了一堂講座課程，發現我們有很多地方可以做些改善。接下來我就會以這個想法為基礎，稍微調整我和各位互動的方式，請各位多多配合。」說不定部屬就會察覺到你的改變。用這樣的方式，逐步改善彼此的關係。

上司或主管要懂得「接受不完美的勇氣」，部屬對於願意坦然接受自己不完美的主管，會給予更多的信任。

Q：我的公司有五十位員工。從四、五年前起，每逢員工生日，我都會親手寫幾句話送給他們，收到這份禮物後，男員工幾乎都毫無反應，女員工則會回饋她們的感想，有些人甚至因為這個互動的契機，和我建立了更良好的關係。可是，今年的尾牙上，有位員工竟對我說：「看了你寫的信，我覺得很生氣，懷疑你平常都沒有在注意我。」

這五十位員工，我的確不是和每個人都有近距離的互動，有些是根據直屬主管給他們的評價所寫。換句話說，我確實沒有注意他們平常的表現。況且寫這些話都是單向的，而不是對話，我覺得這樣做效果好像還是有限，也覺得似乎要好好反省，不該自以為大家拿到我的手寫祝福都會很開心。你有什麼看法？

A：當然是直接問他們最好。你可以開口問：「我做了這些事，你覺得怎麼樣？」

Q：原來如此。我寫信給員工的時候，不只是一味地讚美，也會參考主管給的評價作為根據，我以為員工拿到我的親筆信會很高興，為了寫這些內容，有時甚至會花掉我將近一小時，現在仔細想想，說不定花一小時和他們聊聊會更好。

A：該用手寫，還是該直接面對面聊一聊，也要視內容而定，最重要的，其實是對方的感受如何。說不定有人不喜歡讚美，覺得自己沒做得那麼好，言過其實的褒揚，反而讓他覺得不舒服。

Q：那位說自己很生氣的員工，是個一直出錯的人，我為了寫祝福語給他，還拚了命找他的優點。

A：也是有人喜歡聽別人稱讚自己。

我曾向一群運動教練演講，當時，我分享自己高中時期的一則故事。

高中三年，我每週六都要去上柔道課，但我覺得上柔道課很痛苦，我每天都在想要是學校沒有體育課和運動會該有多好。

我的身材最矮小，所以柔道教練教新招時，我都要幫忙示範。教練是柔道八段，有一次，他教我大外割*的反摔技，然後告訴我：「接下來我要用大外割，你就照我教你的方法出招。」這種技巧，只學一次根本不可能做得好，可是我使出反摔技後，教練就摔得落花流水，還說：「你真厲害。」

那當然不是我憑實力打倒了教練，而是教練故意摔得很誇張，好凸顯技巧的精湛。對於教練的讚美，我當下只覺得羞愧至極，一點也不覺得高興。

隔年，教練換成一位大學剛畢業的年輕人，指導時，我被他毫不留情地摔了出去，反而覺得很開心。

公開接受褒揚的人其實也很困擾。求學時，我曾在課堂上指出老師黑板上的錯字，結果老師竟然特地表揚我：「岸見同學替我指出了錯誤。」但其實我並沒有期待老師這樣說。

企業主讚美員工時，或許有人會覺得很尷尬，不過也有員工聽到讚美時，會覺得很開心。

---

* 用腳勾取對方重心腳，將對手擊倒。

Q：我就是偶然聽到這位員工說：「看了之後很生氣。」便開始擔心會不會還有其他人也這樣想。

A：這位員工願意坦白地說出自己的想法，也是很值得感謝的事。雖然聽到會有些在意，或者說是有些令人不悅，甚至是令人討厭，但有人願意說出來，總比都沉默不回應來得好。所以，我覺得你不妨也跟員工說，你希望他們坦白地說出自己的想法。

Q：說得也是，我也想找個合適的機會告訴員工。

A：我住院時，病房有位剛當上護理師的年輕人，他會親自寫信給每位照顧過的病患，我當時也收到了，令人詫異的是，信的內容很長，恐怕要花一個小時才能寫得出來。我希望他能持之以恆，不要只有第一年寫，畢竟很多人都是一開始滿腔熱血，逐漸忙碌後，就無法堅持下去了。

我很高興能收到護理師的信，所以，不見得每位員工看了你的信後，都會不高興。我們寫信時，應該都會想著對方，只要我們能把在意對方的心意傳達出去，收到信的人也會很開心。

其實我們本來不應該太在意效率高低，但如果一定要追求效率，可設計一套新的機制，例如預先排定時間，雙方彼此對談。每個人的想法、感受各有不同，不尋求對方回饋，很難達到效果。

Q：隨著員工人數逐漸增加，我和每位員工的關係也變得越來越疏遠。我能做的畢竟還是有限，所以我認為，培養更多像我這樣願意為部屬著想的主管，才是我身為董事長該做的事。

A：的確，隨著組織、團隊的擴張，主管與個別員工之間的關係難免轉趨疏遠。

我常到國外演講，在韓國曾辦過三千人的演講，在中國甚至還有過一場五千人的盛況。這麼大的場面，當然會有很多人只能透過現場大螢幕看到我。

即使在這樣的狀態下，我還是不能用「各位」來稱呼現場觀眾，必須當作自己是在和每一位來賓個別談話，如此一來，聽的人就會覺得「演講者是在對我喊話」，這很重要。雖然實際上我的確是在對大家說話，但還是要想著「對每一個人個別訴說」，否則觀眾就不會覺得是在對自己說，當然也就不太會認真聽了。

還有一個訣竅，就是「說話不要太大聲」，聲如洪鐘的人，聽眾因為覺得他說話很清楚，所以自然不會認真聆聽、全神貫注；反而稍微聽不太懂，或是咬字不清、嗓音低沉、音量偏低的人，會讓人為了聽清楚而將身體前傾、專心聆聽。這樣絕對比大聲說話的效果更好。

美國催眠大師米爾頓．艾瑞克森（Milton H. Erickson），因為罹患小兒麻痺留下後遺症，講話不太清楚，所以上台演講時，都會說：「請容我在胸口別上麥克風。」他的講座課程有影像記錄，但光聽聲音實在很難聽懂，因此都配有字幕。

雖然因為他是催眠大師，所以大家在聽講的過程中，會進入出神狀態（Trance），可是正是因為他的說話方式，所以大家都會拚命地豎起耳朵聽。由此可知，不說「各位」是很重要的。

我再補充一個艾瑞克森的故事。他曾說：「有些人越是聽不清楚我說什麼，越會坐到後面去。」這是指有些人會假託「大師說的話我聽不見、很難聽清楚」，而故意坐在後排的座位。

如果有任何不滿，只要努力改善即可，不需要找藉口，但我們生活中卻有很多人會犯這樣的毛病。

在眾人面前說話時，實際上當然還是對著眾人說話，但最好能找到兩個人，一個是不肯好好聽我們說話，也就是擺出不屑態度聽講的人；另一個則是態度友善，聽到我們說什麼，都會笑著點頭的人。

將當天演講的目標，設定為要讓不屑的人點頭稱是，或讓他願意認同；不過，要是只看著這個人說話，恐怕會大大折損我們的自信心，所以當自信心不夠時，只要不時把目光望向態度友善的人，就能繼續說下去。

只要對著這兩個人說話，我們的發言，就不會是對「各位」，這一點也非常重要。
不論組織、團隊再怎麼壯大，溝通表達的方式都還是有精進的空間。

38 員工連基本的工作都做不好，該不該責備？

Q：我常在書上看到說要區分「生氣」和「責罵」，還提到「只要不是情緒性的生氣就好。」你覺得這樣的論述是否正確？另外，我們該如何看待「教養」？我認為出了社會的人，也要有教養。實際上我的確也有員工連「守時」這麼基本的事都做不到，像這樣的部屬，該怎麼指導才好？

A：我認為「只要不是情緒性的生氣就好」是錯誤的。說穿了，其實生氣和責罵根本無從區分，或許有人會說：「我不是生氣，我只是在罵人。」但人類並沒有那麼靈巧，責罵時，必然伴隨著生氣的情緒。所以，「責罵」和「生氣」之間其實並沒有差別，重要的是學會用其他方式來取代生氣。

「職權騷擾」一詞越來越普及，像早期那種心直口快、大肆飆罵的人已減少許多。然而，誠如剛才所說，認為「教養」還是需要靠訓斥的人，應該不在少數。

我認為教養並不需要生氣或訓斥，如果真的有需要改善的地方，就用口頭說明，不過這也不能期望立即見效，必須投入時間費心勸告。若有急需改正之處，就立即設法阻止，總之就是苦口婆心地勸告，完全不需要流於情緒化。

或許有人會覺得：「我就是一時氣憤……。」但阿德勒可不容許「一時氣憤」。你可能認為自己平常是個溫和敦厚的人，絕不會失去理智，更不可能流於情緒化，但這種觀念是不對的。

人擁有一種能力，可瞬間判斷自己的處境。舉例來說，假如在咖啡館裡，服務生把咖啡打翻在你身上，弄髒你最喜歡的衣服，於是你一時氣憤，在店裡大聲咆哮，整家店都聽得到。你會這樣做，其實是因為你瞬間判斷「這時要情緒化一點，對我才有好處。最好再生個氣，讓對方道歉。」才會刻意製造怒氣。

然而，即使我們製造出怒氣，把部屬罵得狗血淋頭，只會引起部屬的反彈而已。因為部屬其實很清楚自己做的事情是對是錯，所以訓斥更會讓部屬覺得「不必說得這麼過分吧」，導致原本要改善部屬行為，卻落得與部屬關係交惡，到最後部屬乾脆連主管的指令都置之不理。所以在阿德勒心理學中，認為在教育時完全不需要責罵。

我分享一個具體的案例。大約十年前，有一天，我在電車上，刺耳的電話鈴聲突然響起，電話的主人是一位女大學生，可能是因為有緊急的要事，所以就接起了電話，和對方聊了起來。坐在她面前的是一位年約四十多歲的男子，惡狠狠地瞪大了眼睛，吼了一聲「妳不知道車上不能講電話嗎！」

如果他真心認為對方的行為有必要改善的話，只要口頭說：「妳可能不知道，在電車裡不能講電話。」即可，完全沒有必要情緒化的怒吼。

還有一個例子，有一次，我為了趕去演講，買了特急電車*的對號座車票，發現同

* 一種日本鐵路列車，停站較少、行車時間也較短。

一個車廂裡，有乘客到處換座位，我覺得他神情詭異，便一直盯著看，結果好巧不巧，這時列車長走了過來。

列車長是一位年輕的男士，他發現了那位乘客，並對他說：「我是列車長，其他旅客都是買了票才上車，可是你卻沒有車票。請你下車。」僅此而已。

那位乘客似乎喝了酒，差點和列車長吵起來，所幸後來他在高岡站垂頭喪氣地下了車。一群大學女生看到列車長的處置，還說：「好帥！」他堅定的處置方式，的確是很帥，不需要責罵，也不必動怒，只要動口就好。

在教養孩子或教育上，更要有「完全不需要動怒」的觀念。不生氣，也就不必顧慮自己的行為是否構成職權騷擾。主管必須堅決地做到「不生氣」，舉例來說，虐童的新聞時有所聞，聽到虐童時，或許會覺得這種家長真過分，但你最好提醒自己，如果罵了孩子，做的事就和他們一樣了。

在職場上，面對已流於情緒化的部屬，主管只要不卑不亢，以言詞妥善應對，身旁的人就會以此為楷模，群起效法。說得更具體一點，所謂的妥善應對，就是不用命令句，像是「給我去做某事」當然不行，「請做某事」也不妥，因為這樣說會讓對方很難拒絕，甚至可能引發情緒性的反抗。

想請對方幫忙影印時，該怎麼說呢？「我想拜託你，能不能幫我影印？」或是「如果你能幫我做某事，那就是幫我一個大忙了！」「要是你能幫我做某事，我會很高興。」用這樣的方式說話，對方就有說「不」的空間，雖然有可能被拒絕，但其實對方多半都會同意幫忙。因此我們只要記住「有需要的時候，就拜託別人幫忙」即可。

日本關西學院大學的美式足球校隊，曾延攬一位心理學大師出任教練。當時他對美式足球根本一竅不通。

這位教練做了什麼事呢？他只對選手在場上的表現說一句話：「剛才做得很好。」僅此而已。

帶領球隊三年後，這支隊伍竟然在米飯盃＊（Rice Bowl）獲勝，成為日本第一的勁旅。

＊日本美式足球錦標賽的簡稱，一九四八年開辦迄今。

「剛才做得很好」並不是一句讚美，只是對選手表現給的一句評價。當然我們不知道教練說這句話時，是否真的看懂了球技好壞，可是當選手聽到這句「很好」時，的確是一份鼓舞。

人總是會看自己做不好的地方，畢竟做不好的地方特別顯眼，所以我們很容易脫口說出這個不行、那個不好。因此，說出「這樣不行」之類的批評，就和讓斜坡上的小石頭滾動一樣，易如反掌。

主管要懂得關注部屬行為中好的一面，看到好的行為時，說一句：「剛才做得很好。」不帶個人情感，純粹就行為本身給予評價，且「剛才做得很好」這句話中，並沒有「只要我這樣說，他應該就會願意努力」的企圖。

Q：也就是不想著要去影響、控制對方？

A：沒錯。因為上場比賽的人是選手，不是教練。主管本來是不能出手處理業務的，所以看到部屬沒把事情處理好，才會有那麼多主管感嘆說：「早知道我就自己做了。」

學校裡有很多人想擔任管理職，但我太太完全沒有那樣的念頭，因為她覺得帶班級、教學生才開心，擔任管理職後，就不能在現場教學了。

主管不也是這樣嗎？要接受自己什麼都不能做，的確不容易，於是在這種時候，「控制」就會蠢蠢欲動。因此，主管必須先體認到自己其實什麼都不能做。

Q：我不想被控制，所以我也希望自己可以盡量不控制別人。可是對方會刻意表現，希望得到我認同。

A：你不妨把「為什麼會想被人讚美、爭取認同」的原因，告訴那些吵著要討讚美的員工。例如：「會想被人讚美、爭取認同，是因為主管高高在上，而你被擺在很基層的位置，所以才會希望主管認同你這個『跟班』、『僕人』，要主管讚美你。可是我並不想把你當成僕人或跟班，所以不會讚美你。」

Q：這樣說很高明。

A：主管不能把部屬當作自己的僕人。儘管彼此的角色不同，但都是工作團隊的一員，不能有培養僕人或跟班的心態，這種心態會營造出競爭關係。

阿德勒心理學中提到，競爭是折損人類心理最主要的因素。因此，如果企業或組織、團隊裡少了競爭，會讓人更快活自在。

然而，在賞罰教育下長大的人，進入企業工作後，仍會想爭取主管的認同，所以同事間就會在「爭取認同」上，展開激烈競爭。有人勝出，就代表有人落敗，而得勝的人也並非從此高枕無憂，因為不知道什麼時候又會輸。

有人輸、有人贏的情況下，整個團隊最後等於毫無進展，這樣是不行的，團隊要的不是競爭而是合作。這就是不能讚美的理由之一。

說得更極端一點，其實就算是團隊裡有能力不足的人也無妨，畢竟團隊裡不可能每個人的工作水準都一樣，有人落後也無可厚非。菜鳥員工處理工作，怎能與資深老手相提並論？**企業裡有各種不同的人才，員工彼此合作、各展長才，才能成就一家公司**，主管應該要具備這樣的觀念。

由於現代社會只看重「生產力」所帶來的價值，所以企業必須設法提高生產力才行。然而，當我們綜觀整個社會時，不難發現，若單就生產力的觀點來看，有些人無法為社會創造價值，例如，身心障礙人士，無法投入生產；有些人現在身強體健，但隨著年紀漸長而無法工作；年輕人也可能突然生病，什麼事都做不了。以往我們總覺得明天還會一直到來，但其實人人都有可能突然陷入危機，不知道還有沒有明天。因為種種緣故而無法工作，看起來對社會毫無價值可言的人，難道就沒有資格活在這個社會上了嗎？答案當然是否定的。

早期擔任某家診所非常駐諮商師時，做過日間照護的工作。每天都會有約六十位思覺失調症的患者到診所來，大家一起煮餐點，每天早上，工作人員會宣布當日菜單，例如咖哩等。接著再告訴大家：「請和我一起去採買。」但在六十位病患當中，大概只有五個人會跟著去。

於是工作人員就會帶著這五位病患，分頭採買大量食材帶回診所。

接著由大家一起烹調。雖然工作人員會號召，但願意幫忙的大概就只有十五位左右。這群人一起煮到中午時分，餐點終於可以上桌時，工作人員一宣布「來吃咖哩飯吧」，診所裡不知從哪裡冒出好多人，大家一起說「開動」後用餐。

儘管如此，誰也不會責備當天沒有幫忙的人，因為大家彼此都有默契，今天狀況好，我就去幫忙，如果明天狀況不好，幫不上忙，那就只能說聲抱歉，請大家包涵。我想這就是一個健全社會的縮影。

我認為公司也可以是這樣。公司裡因為知識、經驗的差異，導致有人顯得優秀幹練，有些人則否，於是就會形成競爭關係，或加深彼此的敵意，然而新進員工或許目前的生產力仍較薄弱，但總有一天能大展長才。

重要的是，讓目前實力有待加強的人，能覺得自己在公司裡有容身之處。這在阿德勒心理學中，是屬於「社會興趣」（Social interest）的一環。讓員工能感覺自己在公司裡「有歸屬」、「可以安心待在這裡」，是人類的基本需求之一。

然而，在競爭激烈的企業裡，員工不必等人開口，就很明白自己的無能，如果主管再就這點加以訓斥，員工就會認為「這裡已經沒有我容身之處」，只好離職求去。一個組織、團隊裡，若有很多這樣的離職員工，我想問題應該是出在主管身上。

我以前曾在一家小規模的診所任職，那家診所接連有員工覺得待不下去，陸續離職，工作團隊一年之內就全都洗牌換新。

有人會用「存在認同」一詞，也就是主管要告訴那些新進員工：「不管你現在工作是否得心應手，『你是公司員工』這件事本身就有價值，而我也認同這一點。」說得更明白一點，就是要聚焦在年輕人的「潛力」上。主管懂得多一份信任，相信或許部屬現在什麼都不會，但總有一天會發揮實力，成為幹練的員工。

現今社會，的確令人感到窒悶。我兒子從事研究工作，前陣子，他因為要參加學會活動順道返鄉。那時，他雖然有抽空回家探望，但每年還是要在學會上發表，也必須撰寫論文，看起來很辛苦。可是不這樣做，就找不到工作；即使找到工作，只要欠缺績效，就會立刻被要求打包走人。

在我求學的年代，有位名叫岡潔的數學教授三十年都沒有寫過論文，如果在今天，他恐怕就很難生存了。岡潔是奈良女子大學的教授，乍看就像是在游手好閒不工作。當年北海道大學延攬他去任教時，同事跑去偷看他的工作狀況，卻發現他每天都不坐在桌前工作，一直躺在沙發上，直到下班前，才靈光一現，悟到數學上的真理。

看似不工作的發呆時間，真的是對工作置之不理嗎？其實並非如此。早期不必急著拿出績效，也能待在校園。這對岡潔而言，或許可說是生逢其時吧。

然而，如今若沒績效，就會立刻被要求打包走人，其中最根本的原因，我認為是「評價」所造成的競爭關係。

39 不強勢卻被上司、下屬看輕，怎麼辦？

Q：我在一家大企業擔任管理職。我覺得能當上經營層的人，要敢說敢言，或是很強勢的領導人，我覺得很會「訓斥」的人，才能在公司贏得肯定。我自己因為讀過岸見老師的文章，所以責罵，也不讚美。可是真正到了職場，才發現不責罵，有時會被部屬看輕，上司給我的評價則是「看起來不太可靠」。

A：領導不需要強勢，主管也不需要是個巨星。我認為理想的主管，應該要協助部屬，讓他們可以學會不依靠主管，獨當一面。也就是說，主管要打造部屬可以自行思考、主動出擊的職場環境，不必顧慮主管的存在。這樣的職場，並不需要強勢的主管。

所以唯有下定決心，不管前人怎麼做，堅持自己的方式。這或許需要一些勇氣，但被部屬看輕又有什麼關係呢？

年輕部屬提供意見時，如果有錯，就該明確、合理地告訴他錯在哪裡，這才是重點，沒有必要刻意凸顯自己的存在感。

Q：如果我已經很清楚事情該怎麼解決，彼此討論時，應該能很快討論出答案。可是萬一對方說得更有道理怎麼辦？

A：如果對方說得更有道理，也不失為一樁好事，畢竟你知道對方說理更勝自己，表示你至少很有自知之明。既然你覺得對方說得有道理，就要鼓起勇氣，坦然接受。不論在什麼樣的情況下，「不預設結論」才是關鍵。若一開始就先預設結論，討論就只會流於形式，變得只是在幫預設的結論想理由、找證據而已。

因此討論時，即使主管和部屬的角色、立場不同，仍應互助合作，找出結論，而不是由任一方做出定論。有些人擅長討論，有些人則否；有人說話條理分明，也有人不擅說理。這些都是個人特質，如果你覺得無法與對方順利討論下去，那也沒有關係。

這種時候，討論應該只聚焦在「說了什麼」，而不是「誰說的話」。倘若年輕部屬言之有理，主管不妨敞開心胸接受。重要的是讓公司順利運作，經營越來越好，不必在意誰勝誰負。爭論輸了又有什麼關係？被看輕又怎麼樣？主管要放下面子、尊嚴，做對公司有益的事。

Q：你的意思是，既不讚美，也不責罵，或許在公司裡的存在感會比較薄弱，無法飛黃騰達，但堅持這樣的領導方式，總有一天會贏得肯定嗎？

A：主管並不是引路人，所以不能把主管想成是英勇的開路先鋒。我想一定會有人肯定這種幕後功臣型的主管。

我們不見得一定要飛黃騰達。人不工作就活不下去，但也不是為了工作而活；就像我們不呼吸就活不下去，但並不是為了喘息、為了呼吸而活。那我們究竟是為了什麼而工作呢？是為了活得幸福。我總會提醒自己，千萬不能忘了這件事，而在工作中迷失。

身為主管，當然在工作上需要精明幹練，也必須成為模範，讓人想要效法、追隨。既不強勢，也不是巨星，卻能讓部屬覺得「主管樂在工作」時，部屬就會想追隨。年輕部屬應該都想追隨這樣的主管吧？那些自大、高傲或自私自利的人，我想部屬是不會尊敬的。

40 對工作沒勁、有拖延症，如何解決？

Q：當我對工作提不起勁，卻又有問題急需解決時，就會想拋下一切，臨陣脫逃。我還有一個壞習慣，就是無心處理問題時，會先擱置拖延，非要等到火燒屁股才肯處理。因為我老是這樣浪費時間，所以一直拿不出績效。

A：「幹勁」是不會突然冒出來的。

說得更直接一點，你只不過是把「提不起勁」，拿來當作不願挑戰課題的藉口罷了。

舉例來說，如果期限已經迫在眉睫，不論願不願意，勢必都要投入工作，倘若手邊已有緊急要務，卻還無心處理，那就等於下定決心不工作了。例如期限就在三天後，卻還要等到期限前兩天才要動手，今天完全不處理。可是一邊想著不工作不行，又一邊責備自己，反而更不好。

你說你會浪費時間，但也有人是像數學大師岡潔，看起來什麼都沒做，卻不是在浪費時間。舉例來說，你是否有過早上醒來或半夜，甚至是散步時，腦中突然浮現很多想法？外表看起來若無其事，但其實並非如此。像這樣的空檔時間也很重要，從這個角度來想，你所做的，就不是在虛擲光陰了。

以我為例，雜誌連載的截稿日逼近時，我才會十萬火急地寫稿，但在平常日，我會用手機ＡＰＰ記下很多靈光乍現的想法，這些記錄都有設標籤，到截稿日的前兩、三天，我會把記錄印出來寫成稿件。所以在沒寫稿的時候，我並不是什麼都沒做，而是一直在累積靈感。

除了建議必須拿出幹勁來，你也要明白一件事，就是**看似什麼都沒做的時候，其實並不是真的無所事事**。

至於拿不出績效的問題，誠如之前提過，我們要先懂得不以生產力來判斷價值高低。工作上能否拿出成果，不嘗試往往不會知道，所以無須拘泥成果，一直想著要拿出績效，反而會拿不出好成績。

三木清曾說：「成功可以量化，幸福則是質化。」他也提過「成功與否取決於過程，幸福與否的關鍵在於『存在』本身。」

既然成功與否取決於過程，做事就必須堅持不懈才行，也可以說，成功的關鍵在於不斷進步。

倘若拘泥成功，凡事只看成果，那麼無所事事的時間就會變得很痛苦。然而，所謂的「存在即幸福」，是指即使什麼都不做，都仍是幸福的。如果有這樣的觀念，一定可以活得更自在，不再執著於是否「浪費時間」或「提不起勁」。

41 如何面對接任的不安？

Q：我是老闆的兒子，也是接班人，未來會當公司的董事長。目前雖然掛名董事，但當了董事長後，想必一定會面對難以想像的壓力和問題。我很擔心、不安，不知到時候要如何穩住陣腳。另外，其實我還和一位擔任董事的堂兄弟共事，但總覺得很難信任他。

A：你可以從建立「和上一代董事長不同」的觀念開始做起。你是你，沒必要成為和前任一樣的董事長。

Q：父親過世後，我曾向員工公開表示：「我絕不會當個獨裁的董事長，也不會當個高高在上的巨星。」但有些員工竟然因此離開了公司。

A：當我們要活出自己的人生時，一定會有人跳出來反對，或是不看好我們、嫌棄我們。

若引用《被討厭的勇氣》裡的話來解釋，假如我們環顧四周，發現有人討厭自己，那就證明了我們活得很自在。我們只能把這些嫌棄，當作是活出自我所付出的代價。反之，如果身旁有人對我們充滿肯定，或對我們百般稱是，就表示他在討好每個人，所以他不會討厭任何人。這種生活方式其實也非常不自由，但有這樣的人存在，也未嘗不是好事。

打理家族企業的確不容易，尤其接班更是一項難題。從前羅馬帝國皇帝馬可・奧理略，是五賢帝時代*的最後一位皇帝，他雖然貴為皇帝，卻也是個哲學家，這在歷史上

＊西元九六年至一〇八年，羅馬帝國的內爾瓦（Nerva）、圖拉真（Trajan）、哈德良（Hadrian）、安東尼奧（Antoninus Pius）及奧里略（Marcus Aurelius）這五位賢明的君主接連登基，開創了一段盛世，史稱「五賢帝時代」。

是相當罕見的例子。相傳奧理略是一位相當賢明的君主，他人生中唯一犯的錯，就是把皇位傳給他的兒子。

這個故事說起來有點尷尬，通常雄才大略的君主，不可能直接傳承給子嗣。奧理略的兒子，就是一位昏君，沒能成為第六位賢帝。

我認識一位董座，是企業家第三代，他曾說：「因為我是第三代，所以很多人討厭我。」其實不然，他不是因為第三代的身分被討厭，而是因為他這個人本身，不過，我也可以了解他的處境確實很艱難。

從這個角度來看，你要忘記自己在「家族企業」，當作自己進了一家全然陌生、毫無瓜葛的企業服務，如今爭取到這個職位，必須用心學習才行。總之，唯有下定決心，設法讓別人從你的能力來評價。

Q：如果我沒有能耐當好董事長，要我辭去職務也無妨。我的想法是，只要對公司好，能讓公司順利經營，才是首要之務。我兒子今年高中二年級，我對他說：「人生是你自己的，所以做你想做的事情就好，不見得一定要接班。不過，我希望你至少記得還有這個選項。」你覺得這樣是否妥當？

A：建議先對員工表明「以公司經營為首要」的想法，或許會比較好。明白告訴員工：「如果我欠缺當董事長的能力，一定會努力改善，若有不足之處，希望大家坦白告訴我。」

至於你對你兒子的做法也沒錯，讓他出去外面闖一闖，不失為一個方法。

我讀高中的時候，有個朋友是醫院接班人，卻沒去讀醫科，大學畢業後，卻又重新考進醫學系，後來當上醫師。這樣說或許有點事後諸葛，但先出去闖蕩一圈，再回頭繼承家族事業，對他而言意義非凡。因為這樣，如今他才能成為視病猶親的良醫，連半夜病患拜託他出診，他都願意騎著機車趕去。

告訴你兒子「有接班的選項」、「可以自由選擇」，是很有意義的行為。接下來要走什麼樣的路，就是孩子自己的課題，即使是家長，也無法代為決定。

Q：我兒子小學時的願望，是希望能和爸爸一起工作，如今長大，他卻說想創業，我覺得這樣也好，即使到頭來還是選擇繼承家業，那也不錯。不過，我現在純粹是想守住這家企業，不是為了讓兒子接班才留下這個事業。

A：學校老師的工作相當繁重，所以他們的子女都不會選擇當老師。我太太以前也是小學老師，當年她還在教書時，忙到十點下班是家常便飯，如今雖然已經退休，生活過得怡然自得，但當年真的很辛苦。看到父母忙成那樣，小孩絕不會想再當老師，就算我們再怎麼期盼孩子繼承衣缽，也強迫不來。這的確是一個難題。

回到你的問題，我們要先承認自己的不完美，也就是「接受不完美的勇氣」。必要時找人傾吐心聲，訴說自己的不安和憂心，這一點也很重要。

Q：找公司裡的人嗎？

A：如果公司裡有適合傾吐的對象，當然很好。主管總是非常孤獨，但不能被孤立，所以要找到可以說真話的夥伴，訴說你的孤獨，對象也可以是新進員工，總之，找到可以聊內心話的朋友，是很重要的。

我在諮商時，很少看到男性上門求助，想必男性一定是覺得「為什麼我要在你面前說喪氣話？」這些人很能忍，經年累月地百般忍耐，直到某天突然沒辦法上班，才被診斷出憂鬱症。當中有很多這樣的案例，其實只要當初能找人商量，就可以避免罹患憂鬱症，但他們就是不跟太太說，又沒有知心同伴能傾吐。因此，我們都需要有可以訴苦的對象。

或許你兒子就是個理想的傾訴對象。我兒子今年三十三歲，我寫的教養書裡，提到很多當年他讀幼兒園的往事，前天他剛好回家，一路和我聊到深夜，我們的關係是可以彼此對等談話的，他從小就對我直言不諱，對我做的事會毫不保留地批評，給我建議，說不定你也能和兒子建立這樣的關係。如果能對兒子傾訴，我想他對你的工作，一定會有更深的理解。

Q：我很常出差，幾乎都不在家裡，坦白說其實沒什麼機會和孩子多聊聊。

A：那更要找時間談一談，可以聊聊當董事長的辛苦之處，順便分享這份工作的甘苦談。說不定你兒子能從對話中得到一些啟發。

Q：其實我在家都刻意避談工作上的事。我太太曾提議她也可以到家族企業來上班，但被我拒絕了。已經和太太住在同一個屋簷下，還要在同一個職場共事，等於兩人生活環境完全一樣，連煩惱、忙碌的時候都相同，我有點不能接受，所以我特別告訴太太，說她可以不必來公司上班，我在家也很少找她訴苦。不過，我覺得這和找兒子聊天好像又不太一樣。

A：或許的確是不太一樣。說不定正因為你不常開口談公事，你兒子可能會認為你的工作很辛苦，所以才決定不接班。如果你告訴他做這份工作很開心，讓他知道投入工作能帶來貢獻感，或許孩子對你和你的工作，就會有不同的看法。

我倒是覺得在家聊工作也無妨。我太太以前是小學老師，我就常聽她談工作，所以有段時間我常聽到學校的內幕，我完全不排斥聽她工作的事，雖然我不是以一個諮商師的立場來聽她說話，但我畢竟也是家庭的一分子，自己覺得難受時，要是有一個能訴苦的對象，我會非常開心。現在，我從早到晚都和退休的太太在一起，但我一點也不覺得不好。

Q：我太太也看了你的書，在家裡和職場上都落實「課題分離」。

A：**課題分離的終極目標並不是要區分課題歸屬，而是要互助合作**，這一點常有人誤解。要先知道是誰的課題，彼此才能互助，所以我們要釐清每一個課題的歸屬，這就是課題分離。

以親子關係為例，我曾說過：「要不要用功讀書，是孩子的課題。」所以家長不必過問孩子的課業；孩子要找什麼工作，也是孩子的課題，家長不必置喙。不過，這並不代表家長完全不能過問孩子的課題。

例如孩子不肯用功讀書時，家長要做好課題分離，明白那是孩子的課題，不必出言過問，我認為這是最理想的處理方式，但想必一定會有人不放心，如果家長真的不放心，那就只要循序漸進地開口關心即可。

家長可以先說：「我看你最近不太像在用功讀書的樣子，我想找個機會和你聊聊，可以嗎？」大多數的孩子可能會說「我不要」。此時家長要這樣回應：「我不覺得情況有你想像的那麼樂觀。有需要的話，可以來找我。我隨時都很樂意幫忙。」如果這樣孩子仍不願透露，那麼事情就到此為止。不過，倘若孩子前來尋求協助，家長就要盡可能地伸出援手。

假如你把公司的事當作自己的課題，覺得那和太太無關，不願向太太傾訴，我想你們當然還是可以建立良好的關係。坦白說，聽別人吐苦水，有時候的確是一件苦差事，就這個角度來說，把課題區分清楚確實很重要。

可是，會尋求諮商協助的男性相當罕見，如果你認為自己不能說喪氣話，或覺得公司的事是自己的課題，不能讓太太擔心，把話藏在心裡，一定會很辛苦。

所以，建議你不妨告訴太太：「我不會亂發牢騷，但偶爾也聽我訴訴苦吧！」其實不必事先預告也無妨，但讓她有個心理準備，或許你也會覺得比較輕鬆。

Q：我其實曾經告訴過我太太，當董事長讓我覺得很忐忑，結果她說：「有什麼好忐忑的？」

A：聽到「有什麼好忐忑的？」還真是讓人有點傷腦筋。

傾聽別人說話時的訣竅、要點，就是把話聽到最後且絕不批評。要貫徹這個原則，對方才會願意敞開心胸。尤其長輩在和年輕人說話時，很容易會脫口說出「講重點」，打斷對方的話，還會在沒人詢問的情況下，自顧自地開始說教。這種事只要發生過一次，說話者就會覺得下次有事不要再跟他說。

若能讓人感覺「這個人不會打斷我說話，隨意批評」，就會有很多人願意向你敞開心胸說真話，在親子和夫妻關係中，更是值得重視的互動守則，所以當我們扮演傾聽者時，不亂插話才是明智之舉。如果聽完後只是說：「原來你是這樣想的」之類的回應，也許無傷大雅，但對當事人訴說的內容，不必特地發表評論。若要評論，應先說：「可以說說我的意見嗎？」向對方確認。

問了這句話，並取得對方同意後，還要先說聲：「這是我個人的意見。」表明純屬個人想法，不是標準答案。如果能用這樣的方式聊天，也是不錯的互動方式。

我有一位心理諮商師的朋友曾罹患憂鬱症，他自己就是相當優秀的諮商師，所以本來一直不肯接受別人的諮商，後來因為真的太難受，才決定去諮商。當時他向諮商師開出了一個條件，就是「負責聽我說就好，千萬別給我任何建議」。即使在有條件的情況下，有人願意聽我們說話，心中壓力還是能釋放，比找不到人傾訴來得好。

包括工作在內，建議你要有勇氣接受不完美的自己。你是否覺得，一個有勇氣接受自己不完美的主管，會讓人比較願意追隨？願意坦白承認自己不完美的主管，更能受人擁戴。因此，我認為你大可和部屬說聲：「大家一起加油。」這不是要大家支持你、為你撐腰，而是為了讓大家同心協力，共同突破困境，由主管出面請求大家協助，說不定效果更好。

當身旁有很傑出的人才時，我們總不免會拿自己和對方比較。但這樣一來，就會心生自卑。

其實我們並不需要感到自卑，重要的是懂得區分「我是我，別人是別人」。「自卑感會是目前工作不順的原因嗎？」有這種想法，可能是所謂的自卑情結，有些人或許是因為懷抱著自卑感，才無法做好主管的工作，所以必須懂得不和別人比較。

人總會在意別人怎麼看待自己，因此要學會不在意這些評價，好好過日子。害怕別人對自己的評價，與其說是害怕評價，倒不如說是我們自己會去找別人打分數，如果分數不高，就會覺得很挫折。

我自己寫完稿，寄出去前，如果我太太在家，就會請她先讀一次，如果她說：「這篇很有意思」，等於文章受到認同，我才會把稿件寄出去。人其實真的很脆弱，非得要有人認同才行。願意接納自己，不在意外界認同與否，也不受任何人左右的心態，就是所謂的「自我接納」（Self-acceptance），只要我們能自我接納，或許就不會再對別人的評價斤斤計較。

Q：尊重需求和自我接納一樣嗎？

A：「尊重需求」就像是孩子會跑去找父母尋求誇獎。當孩子覺得自己圖畫畫得很好時，他們還要把圖拿給別人看，希望有人誇獎：「好棒！」我們不能教出這樣的孩子，自己也不能變成這樣。「自我接納」不需要尋求別人認同。

Q：我以前讀過一本哲學書，內容是有個人退休後隱居山林，獨自做起了自己喜歡的陶藝，卻還是希望受人讚美。我在想，是否不應過度否定他人給的認同？

A：自古以來，不論作品是否能獲得認同，藝術家所創作的，始終是自己想做的作品。舉凡藝術大師梵谷、高更等皆是如此，他們在世時，沒人肯定過他們的才華，但他們並沒有放棄繪畫。

我常和大家分享奧地利詩人里爾克*的例子。有一位年輕詩人名叫卡普斯**，他把自己的作品寄給里爾克，希望得到里爾克的肯定，最好能幫他引薦出版社，出版詩集。

里爾克狠狠地拒絕了，他說：「別再做這種事，請你在夜深人靜時捫心自問：『我究竟是不得不寫詩，還是不寫詩就渾身不自在？』」

里爾克要卡普斯問自己究竟是「不得不寫詩」，還是「不寫詩就渾身不自在」？如果是「不寫詩就渾身不自在」，那就繼續寫下去，要有這樣的決心才行。要說脆弱的話，人的確是很脆弱，但若接受自己脆弱、不思進取的話，就無從改變。可是這也不代

* 萊納．瑪利亞．里爾克（Rainer Maria Rilke），被譽為繼歌德後，將德語詩歌推向高峰的詩人。

** 弗朗茲．謝弗．卡普斯（Franz Xaver Kappus），奧地利作家。他與里爾克的信件後被集結出版為《致一位年輕詩人的信》（*Letters to a Young Poet*）一書。

表我們要完全拒絕別人的意見。

得不到別人肯定，就認為自己所做的事毫無價值，這是賞罰教育帶來的弊病。決定自己該如何行動前，在責罵中長大的人，會選擇不挨罵的方式；在讚美中長大的人，會選擇爭取誇獎的方式。

阿德勒也曾說，在人類的精神生活中，若只為了「爭取肯定」而努力，緊張程度就會升高。這句話很有道理吧？當我們希望別人誇獎、認同自己時，心情就會變得緊繃，因為想得到肯定，希望對方滿意。

我也很希望大家都能覺得我的演講很精彩，一旦有這樣的念頭，就會開始緊張，我必須要求自己不去想這些，說好該說的話。為爭取肯定而努力，會讓人越來越緊張，甚至還會讓行動受到限制。

現今社群媒體十分活躍，有些人為了想贏得更多「讚」，專門寫一些能獲得按讚數的文章。推特等平台上，有些貼文雖然獲得好幾萬個讚，卻也讓人不免懷疑文章內容的真偽。我不會說這些貼文都是欺瞞造假，但某些貼文，的確隱約可以窺見是為了「爆紅」才寫的，如此一來，就失去寫文章的意義了。

所以根本不必在意有沒有人按讚，甚至說得極端一點，我們其實只要寫寫日記就好，根本不需要發推特，然而，我們還是會為了追求按讚數而寫貼文、發推特，人類就是這麼脆弱。

42 怎麼面對消極、缺乏活力的部屬？

Q：有些部屬總是缺乏活力，有活力的人，只要稍微引導，就會有所回應，所以他們可以一直累積、學習，也懂得修正；相對地，有氣無力、沒有回應的人，坦白說我真是拿他們沒轍。我該如何面對消極、缺乏活力的部屬？

A：要讓原本就缺乏活力的人展現活力，難度的確相當高。

誰都無法給他們活力，旁人能做的畢竟還是很有限，所以只能從旁輔導，讓他們自己產生「試著拿出活力」、「發憤圖強」的念頭。

因此，面對消極的部屬，只能等待。至於要等多久，只能說必須很有耐心。

以前我有一位個案是繭居*青年。他從國中時期開始，關在家中足不出戶長達十年，不僅拒學，還繭居在家，這種狀態父母當然很擔心，不知道他什麼時候才會願意走出家門，於是每週都來找我諮商。

首先，拒學、繭居，這些都是孩子的課題，不是家長的；再者，就算想讓孩子去上學，或想讓他拿出上學的活力，家長也完全沒有幫得上忙的地方。每次諮商，我都會告訴他們這個觀念。

但個案的家長還是每週都來找我諮商，於是我便開口問那位母親：「妳有工作嗎？」她說她沒有工作，整天都待在家裡。在家每天面對孤傲的兒子，想必一定很痛苦，我又問她：「那妳有什麼興趣嗎？」她說她的興趣是打太極拳。於是我勸她：「妳就去打太極拳吧！」

在這之前，每次諮商時，她兒子都會不斷地打電話來。我建議她把手機關機，她卻

---

*「繭居」一詞源自日本，指窩在家中、不願出門，過著封閉生活。

回答：「不行，我要是不接電話，我兒子可能會去死。」我又勸她：「妳兒子不會因為母親沒接電話就去死的。」但她還是語帶威脅地說：「萬一出了事誰負責？」所幸在多次溝通之後，她總算願意關掉手機。對這位母親來說，這個行為已經是很大的進步。

後來她終於開始認真學太極拳，還跑到中國的深山裡，找大師習藝精進——那是連電話都打不通的地方。從此之後，那位母親就沒有再來找我諮商了。

換成個案的父親找上我。他是一家公司的董事長，也很積極地來諮商。我告訴他：「現在這麼不景氣，你每次都花兩個半小時坐在這裡，這怎麼行？」後來。我的說服終於奏效。有一天，他打電話給我說：「我現在真的很忙，暫時沒辦法去找你諮商了。」

先是母親不來諮商，接著父親也不再諮商。過了兩年，當事人竟然自己來找我諮商。我詫異地問他：「請問你是來做什麼的？」心地非常善良、單純的他開口說：

「最近父母都對我很冷淡。以往他們會去找精神科醫師，接受諮商，還會去參加拒學生的家長團體等，為我到處奔波，可是最近，母親去了中國後，就遲遲不回來；父親說工作很忙，一週有好幾天都不回家。我今天來，是想向醫師諮詢今後該怎麼活下去。」

從他的家長不再來找我諮商，到他本人親自出現在診間，花了整整兩年的時間。這樣說聽起來好像有些矛盾，但重點其實就是不強迫、不遊說。

前面我們談過「信任」，相信即使我們無法直接幫上忙，本人終究還是有能力解決自己的課題。所謂的守候，並不是放任，而是刻意隔著些許距離，但保持隨時都能介入的狀態，靜觀其變。

Q：聽你這麼一說，身旁好像真的有很多人管得太多了。團隊裡只要有一個充滿活力的優秀員工，周遭其他消極的員工，往往就不願意展現實力，或者說他們會認為「那我這樣就好」。若不去改變自己和他們的互動方式，這些員工是否就無從改變？如果和他們互動都要小心翼翼，似乎也不太好。

A：很多人其實都希望別人對自己小心翼翼、畢恭畢敬。如此一來，周遭的人就不敢嘲弄、招惹自己。這也是剛才提過的「自卑情結」之一。

這些消極的人並不是生病。當某位員工說：「我這是一種病」時，即使眾人都覺得他太懶散，甚至到了令人忍不住想規勸的地步，恐怕大家都開不了口吧。消極的員工想用扭曲的方式，在組織裡當個無用的人，或當個大家都必須小心翼翼對待的人，讓大家對自己敬而遠之，以便在職場、公司找到一個避風港。這樣的人的確存在。

他們其實都很缺乏勇氣——缺乏面對課題的勇氣。

該怎麼做才能拉他們一把？唯有先從「承認他的存在」開始做起。雖然消極員工現在還無法做好分內工作，但員工至少還是來到了公司，我們可以先向他說「謝謝」，從這些簡單的事做起。

我們需要的，或許就是不做任何強迫或遊說，也就是「不催促的引導」。要看見這個做法的效果，需要花很多時間，花的時間越多，消耗的勇氣也越多，但「振作起來」是這些人自己的責任，耐心等待他們振作，則是整個社會的責任。

阿德勒曾說：「當我們覺得自己有所貢獻時，就能肯定自己的價值。」要激發這些人的「貢獻」，不能從這些人的行為裡找，要從他們的存在尋求。主管和家長應該要明白這個道理。

假設我們現在看到一位新進員工，覺得他有某件事非改善不可，即便我們很想設法解決他的問題，但幾乎可以說是無計可施。為什麼會這樣說？因為「問題」並不是具體物，所以我們沒辦法具體做些什麼來改善。那該如何是好？只能用光來照亮。所謂的「光」，是相對「黑暗」而來，因為「問題」如同黑暗，只要用光一照，就會消失。

前文提過，要聚焦在行為的合理面。說得具體一點，用光照亮問題，就是要聚焦在這個人「活著」、「存在」的事實，讓他知道「你活著就是在為他人貢獻」，但不必刻意說：「你什麼都不會也無妨。」這樣一來，黑暗就會消失。

不過，在企業中還是必須拿出成果，無法一直等待消極的員工，或許這確實是一個很現實的問題。然而，要讓消極的員工發揮實力，主管就要先降低標準，或者該說必須回歸到「認同存在」，來看待這些員工。畢竟有些消極的員工，從來沒遇過有人用「不催促的引導」、「聚焦存在」等方式和他們互動。

在競爭激烈的社會中，必須有人向覺得「自己真是差勁」的人伸出援手。我認為，這就是主管該做的事。以一個員工的標準而言，這些消極的人，能力或許還不足，但我想他們必定可以擺脫「自己是個沒價值的人」這種想法。

Q：當我對團隊成員有期待，而他們的績效不符期待時，我總會變得很情緒化，覺得他們為什麼做不到？

A：主管對部屬寄予厚望，而部屬無法達到期望時，難免會感到失望，或不願接納這樣的員工。或許聽了我的說法後，你會覺得無法接受，但你必須反省是不是自己的指導有問題，如果不檢討自己的方式，這些部屬恐怕就不會再成長了。

主管一開始就寄予厚望，或許會讓部屬覺得壓力很大。所以你要做的，應該是多鼓勵，讓部屬覺得「和以往相比，已經成長很多」。阿德勒把理想和現實之間的悖離，稱為自卑感。因此，主管只能調降自己的期待。不過，我們當然也不是只要安於低標就好，所以需要透過鼓勵驅使、引導，逐步提升團隊的實力。

Q：可是企業很重視團隊精神，比個人績效還看重，說得誇張一點，其實有些主管會覺得，即使員工沒有實際績效，仍會因合群、對團隊很有貢獻，肯定員工。

A：假如有兩位部屬，一位精明幹練但不合群，另一位平庸無能但很合群，你會選哪一位？

難道不會選精明幹練的那一位嗎？合群可以再教，工作能力才是最優先的考量。所以我認為只能選前者。

會強調合群，是因為工作還是需要大家一起合作，但要找到真正互助合作的團隊，還真是不容易。主管和部屬之間的關係，就像是交響樂團的指揮和演奏者，指揮獨自一人無法演奏出悠揚樂聲，這或許大家都習以為常，但仔細想想，其實是很神奇的事，為什麼指揮會在那裡？

學生時期，我曾加入交響樂團，所以很清楚箇中奧妙。只要指揮一換，團員換人倒不致於影響演奏；指揮換人，演奏就會截然不同，尤其上台演出時，都會請來專業的指揮大師擔綱指揮，更能明顯聽出樂聲和練習時的落差。明明都是由同一群人演奏，但指揮不同，呈現的樂曲就很不一樣。

我曾在電視上看過北京交響樂團演奏布拉姆斯*《第一號交響曲》。當時我並不覺得這個交響樂團的技巧有多高，但在小澤征爾**的指揮下，樂團竟呈現出脫胎換骨般的精彩演出。由此可見，指揮在交響樂團裡，扮演著相當關鍵的角色，不過，指揮自己一個人，是演奏不出樂曲的。主管與部屬的關係正如同指揮與演奏者一樣。

樂團成員互助合作、彼此配合，才能演奏出悠揚樂曲，當觀眾稱讚：「這場演出真精彩」時，如果指揮跳出來說：「演奏出這麼棒的音樂，都是我的功勞。」一定會讓人感到莫名其妙，因為這是所有樂團成員創造出來的成果。

倘若職場上人人都有這樣的觀念，想必情況會變得很不一樣——每個人確實扮演好自己的角色、做好分內的事，一起創造業績。理想的工作環境，是每個人都能共同合作，做出績效時，也能明白這是大家一起創造的成果，在這樣的共同體中，因為工作帶來滿足，所以也不再有爭功諉過的情形。或許有人會認為這只是理想，但確實是有可能達成的。

Q：我讀過教練法（Coaching）的書，書上也提到認同非常重要。

A：人非常脆弱，若無法贏得別人的認同，就很難肯定自己的價值。得到別人合理評價時，當然會很開心，這一點我不否認，然而，更重要的是能不畏旁人閒言閒語，懂得肯定自己、將工作貫徹到底。阿德勒在描述這個概念時，用的詞彙是「自立」。

當今社會還有很多人無法自立，像是體壇選手接受教練的指導，有些訓練無疑是不合理的職權騷擾，為什麼沒有人跳出來阻止？只因為這種訓練方式，能讓選手表現出好成績嗎？於是沒有人出面制止，選手也不敢發聲，不知道該說遺憾還是不幸，這些體壇選手，實在不是自立的表現。

* 約翰內斯．布拉姆斯（Johannes Brahms），德國作曲家。
** 日本知名指揮家。

選手覺得唯有好成績才能代表自己的價值，只有受到別人的肯定與讚美，自己才有價值，所以才會甘心接受教練的指導。選手尚未自立，所以只在乎能否拿出好成績。

職場也有類似狀況。但真的只要拿出好成績、高績效就行嗎？其實不然，「成績從何而來」也是一個問題。不拿出績效，或許會得不到認同，但一定也有可以不論績效高低、別人評價，願意貢獻的事。

我曾與拳擊選手村田諒太對談。儘管他已經反覆讀過好幾次我的書，但他還是說：「我受了很多人的恩惠，才能站在擂台上比賽。我要為了大家而戰。」

我對他說：「你的想法沒有錯，但在比賽時，你不需要在意現場人員、贊助商和電視機前觀眾，況且比賽結果好壞，其實也無妨。看到你在擂台上勇敢奮戰的英姿，能讓小朋友懷抱夢想、讓大人充滿希望，這就是你的貢獻，所以比賽結果好壞，其實都沒關係。」後來，他比賽的成績一直都很不錯。我這才體認到，原來尊重需求在人生中，竟會帶來如此嚴重的負面影響。

今天的對談即將進入尾聲。

前述對談，若有不能認同的地方，那也很好。嘴上說「簡潔易懂」、「我早就已經在做」的人，其實還有很多不明白的地方，與其這樣，不妨帶著疑問，回歸日常生活，就算是想了很久還是搞不懂也無妨，等之後有機會，再相見相談。

人生有很多事都沒有答案，沒有答案會讓我們一直牽腸掛肚，就像尊重需求一樣。但世上很多問題都是如此，想要的答案不像自動販賣機的果汁，投錢後馬上就會掉出來。這點必須要有體認。

今天提出的，都不是能輕鬆想出答案的問題。不過，如果你覺得現在已能約略看到解答的方向，那將是我莫大的榮幸。後續只有仰賴你們在各自的職場上，重新思考這些問題了。

每次在演講等公開活動的最後，我總會分享這一段話：

「今天能在這裡見到各位，堪稱是一場奇蹟。倘若我在十三年前就因為心肌梗塞離世，今天就不能跟大家見面；在座的各位，如果在來這裡之前有些許意外，我們也不會在此相逢；要是本來沒辦法來的人，今天也都能來，情況也會很不一樣。人際關係就是這麼奧妙，每次相逢都不是理所當然。」

所以，今天和家人見面，明天和員工見面，都不是理所當然的事。一切都是從「懂得珍惜相見、相識的緣分」開始，如果願意抱持這樣的想法，我想職場也會產生很不一樣的變化。請先從說「謝謝」開始做起，哪怕臉部表情不自然也無妨，「謝謝」就是這麼充滿力量的一句話，而我也認為，阿德勒心理學就是充滿力量的心理學。

結語
拋開不合時宜的帶人方式，需要勇氣

讀完本書，有什麼感想？是不是覺得「知易行難」？我提的這些建議，執行起來都不會太難，不過有些人會很抗拒執行這些建議，可能會說：「道理我懂，可是……」如果是這樣那也無妨，就請先「理解道理」，再從做得到的項目開始，一點一滴地著手執行。讓後進看到你勇於挑戰的態度，我想也是一件很重要的事。

有一次，我在企業研習中，提到要大家多說「謝謝」，令人訝異的是，研習結束後，主管就率先向年輕員工說「謝謝」。接著，當天參加研習的學員，竟也開始互相說起了「謝謝」。

職場的變革，多數都是從年輕人開始的，但如果主管能當表率，做出顛覆既往的革新，效果更會立竿見影。

然而，有些人一當上主管，便開始採取保守策略，視改變為畏途，因為他們覺得，最安全的管理方式就是承襲既往。

改變充滿了未知，且未必會成功，確實需要一些勇氣，不過若借用阿德勒心理學的名言來表達，那就是「勇氣會傳染」。

其實，阿德勒不只說過勇氣會傳染，還說過「膽小也會傳染」。選擇自保、只在意自己的人，以及利用部屬、必要時把責任推給部屬的主管，就算再怎麼裝出高高在上的樣子，內心還是個膽小鬼。要讓人變得膽小怕事，就和讓斜坡上的小石頭滾動一樣容易。只要意識到自己正在找理由逃避眼前的課題，人生就會很不一樣。

即使如此，要下定決心追求改變，還是需要鼓起勇氣。主管的勇氣會傳染給部屬，成為改變職場的契機，而主管就是勇者的典範。

我在本書，也曾提到「主管必須成為典範」。不過事實上，部屬須從主管的言行中學習，而不是從主管這個「人」身上學習，我所謂的「主管是教育家」，也是這個意思。

教育的目標在於「自立」，為了學會自立，部屬不該總是依賴主管，也因為這樣，主管也不該誇耀自己是巨星或天才。倘若主管不會只在意自己，而是在意身為主管所服務的公司、團隊，就會不斷努力，讓其他人隨時都能承接起他的工作。

主管若能時時提醒自己，部屬就不會認為只是在接受主管的指導，而是學會自立。擔任主管最重要的是，了解行之有年的舊有觀念已不合時宜，應以現實考量重新出發，摧毀既往的舊觀念，打造一個不需要主管事事指導的組織、團隊。

本書出版之際，要感謝《日經 Top Leader》的北方雅人先生和荻島央江女士的關照，他們從連載階段就和我再三討論，並且用心詳讀稿件。謹此誌謝。

翻轉學 翻轉學系列 072

岸見一郎談帶人

善用「勇氣心理學」，無論帶人、賞罰、交辦、溝通……搞定主管所有的人際煩惱

ほめるのをやめよう――リーダーシップの誤解

作　　者　岸見一郎
譯　　者　張嘉芬
總 編 輯　何玉美
主　　編　林俊安
責任編輯　袁于善
封面設計　張天薪
內文排版　黃雅芬

出版發行　采實文化事業股份有限公司
行銷企畫　陳佩宜・黃于庭・蔡雨庭・陳豫萱・黃安汝
業務發行　張世明・林踏欣・林坤蓉・王貞玉・張惠屏・吳冠瑩
國際版權　王俐雯・林冠妤
印務採購　曾玉霞
會計行政　王雅蕙・李韶婉・簡佩鈺
法律顧問　第一國際法律事務所　余淑杏律師
電子信箱　acme@acmebook.com.tw
采實官網　www.acmebook.com.tw
采實臉書　www.facebook.com/acmebook01

I S B N　978-986-507-531-6
定　　價　330 元
初版一刷　2021 年 11 月
劃撥帳號　50148859
劃撥戶名　采實文化事業股份有限公司
104 台北市中山區南京東路二段 95 號 9 樓
電話：(02)2511-9798　傳真：(02)2571-3298

國家圖書館出版品預行編目資料

岸見一郎談帶人：善用「勇氣心理學」，無論帶人、賞罰、交辦、溝通……搞定主管所有的人際煩惱 / 岸見一郎著；張嘉芬譯 . – 台北市：采實文化，2021.11
224 面 ; 14.8×21 公分 .--（翻轉學系列 ; 72）
譯自：ほめるのをやめよう――リーダーシップの誤解
ISBN 978-986-507-531-6（平裝）
1. 職場成功法 2. 管理者
494.35　110014281

采實出版集團
ACME PUBLISHING GROUP